AKADEMIE DER WISSENSCHAFTEN UND DER LITERATUR

ABHANDLUNGEN DER
MATHEMATISCH-NATURWISSENSCHAFTLICHEN KLASSE
JAHRGANG 1983 · Nr. 2

Beiträge zur Geoökologie von Gebirgsräumen in Südamerika und Eurasien

Herausgegeben von
WILHELM LAUER

Mit 48 Abbildungen

AKADEMIE DER WISSENSCHAFTEN UND DER LITERATUR · MAINZ
FRANZ STEINER VERLAG GMBH · WIESBADEN

Zheng Du, Academia Sinica, Dept. of Geography, Bejing, Volksrepublik China
Dr. Peter Frankenberg, Geographisches Institut der Universität Bonn, Franziskanerstraße 2, 5300 Bonn 1
Dr. Winfried Golte, Geographisches Institut der Universität Bonn, Franziskanerstraße 2, 5300 Bonn 1
Dr. Wilhelm Lauer, o. Professor, Geographisches Institut der Universität Bonn, Franziskanerstraße 2, 5300 Bonn 1
Mohammad Daud Rafiqpoor, Geographisches Institut der Universität Bonn, Franziskanerstraße 2, 5300 Bonn 1

CIP-Kurztitelaufnahme der Deutschen Bibliothek

Beiträge zur Geoökologie von Gebirgsräumen in Südamerika und Eurasien / Akad. d. Wiss. u. d. Literatur, Mainz. Hrsg. von Wilhelm Lauer. – Wiesbaden: Steiner, 1983.
(Abhandlungen der Mathematisch-naturwissenschaftlichen Klasse / Akad. d. Wiss. u. d. Literatur,. Jg. 1983, Nr. 2)
ISBN 3-515-03924-4
NE: Lauer, Wilhelm [Hrsg.],. Akademie der Wissenschaften und der Literatur ⟨Mainz⟩,. Akademie der Wissenschaften und der Literatur ⟨Mainz⟩ / Mathematisch-naturwissenschaftliche Klasse: Abhandlungen der Mathematisch-naturwissenschaftlichen . . .

Vorgelegt in der Plenarsitzung am 27. Februar 1982,
zum Druck genehmigt am selben Tage, ausgegeben am 20. Mai 1983

© 1983 by Akademie der Wissenschaften und der Literatur, Mainz
Druck: Rheinhessische Druckwerkstätte, Alzey
Printed in Germany

Inhalt

1. Zur Einführung
   (W. Lauer) 5
2. Verbreitung und ökologische Grundlagen der laubwerfenden *Nothofagus*-Arten im südlichen Andenraum
   (W. Golte) 9
3. Zur geoökologischen Differenzierung Afghanistans
   (P. Frankenberg, W. Lauer und M. D. Rafiqpoor) 52
4. Zur floristischen Differenzierung des Xizang-Plateaus (Tibet)
   (P. Frankenberg und Zheng Du) 72
5. Modellvorstellungen zu Arealveränderungen von Pflanzengruppen in Schwarzwald und Vogesen
   (P. Frankenberg) 93

Zur Einführung

WILHELM LAUER

Die in diesem Band vorgelegten Beiträge enthalten Ergebnisse, die im Rahmen der Arbeitsprogramme der ‚Forschungsstelle Geoökologie der Akademie der Wissenschaften und der Literatur, Mainz' im Geographischen Institut der Universität Bonn erarbeitet wurden. Sie betreffen Fragestellungen über Zusammenhänge zwischen Vegetation und Klima in räumlicher wie zeitlicher Dimension in verschiedenen Bereichen der Erde.

W. Golte versucht in seinem Beitrag über die ökologischen Grundlagen laubwerfender *Nothofagus*-Wälder im südlichen Andenraum eine Antwort darauf zu geben, weshalb sommergrüne *Nothofagus*-Wälder unter winterregenbetonten Klimabedingungen im Übergangsbereich zwischen dem mediterran geprägten Winterregenklima Zentralchiles und dem immerfeuchten Klima Patagoniens gedeihen können. Mit einem subtilen Erklärungsansatz kommt der Autor zu dem Ergebnis, daß der periodische Laubwechsel als Anpassung nur in Regionen auftritt, wo hygrische und thermische Schwankungen in bestimmter Weise ineinandergreifen, das heißt, wo einerseits humide und aride Jahreszeiten alternieren und andererseits die thermische Begünstigung des Sommerhalbjahres ausreicht, um einer auf diese Jahreszeit beschränkten Stoffproduktion den entscheidenden Vorteil zu sichern. Die vom Klimarhythmus beeinflußten Eigenschaften der Böden spielen dabei eine wichtige Mittlerrolle.

Da sommergrüne Wälder in den südhemisphärischen Außertropen im Gegensatz zur Nordhemisphäre stark zurücktreten und ihr Hauptverbreitungsgebiet im südlichen Andenraum haben, wird durch diesen Beitrag erneut das Problem der klimatischen und pflanzengeographischen Asymmetrie im dreidimensionalen Landschaftsaufbau von Nord- und Südhalbkugel aufgegriffen – im Sinne der These von C. Troll (1948).

In der Studie von P. Frankenberg, W. Lauer und M. D. Rafiqpoor zur ökoklimatischen Differenzierung Afghanistans wird die dreidimensionale Anordnung des Vegetationskleides eines Gebirgslandes im Spiegel ökoklimatischer Parameter analysiert. Es läßt sich erkennen, daß die räumliche Vegetationsdifferenzierung nicht nur von der Verteilung der humiden und ariden Jahreszeiten, sondern auch von der

Tatsache bestimmt wird, wie lange und wie intensiv die aride Klimaphase ohne Unterbrechung andauert und in welchen klimatischen Phasen die humiden Zeiten auftreten. Als Parameter für die Abschätzung der Art und Intensität des hygrischen Witterungsgeschehens in den einzelnen Regionen wurde eine Häufigkeitsauszählung von monatlichen Niederschlagssummen verwandt, die M. D. Rafiqpoor im Rahmen seiner Diplom-Arbeit (Bonn 1979) über Niederschlagsanalysen in Afghanistan mit dem Versuch einer regionalen klimageographischen Gliederung des Landes durchgeführt hat. Allerdings kann die Klasseneinteilung der Niederschlagshäufigkeit nur als qualitatives Hilfsmittel für ein räumliches Differenzierungsmuster gelten, so daß vorwiegend die Diagramme charakteristischer Stationen zur Interpretation der witterungsklimatischen Sachverhalte im Hinblick auf die Vegetationsdifferenzierung herangezogen wurden.

Dagegen erlaubt die Darstellung der Isohygromenen eine quantitativ abgesicherte räumliche Abgrenzung von klimatisch homogenen Arealen und bildet daher die Grundlage der klimaökologischen Gliederung Afghanistans.

Die Isohygromenen (Linien gleicher Anzahl humider und arider Monate) sind im Sinne von Lauer und Frankenberg (1978) sowohl nach der monatlichen Bilanz von Niederschlag und potentieller (klimatischer) Verdunstung $N/(pV) = 1$, als auch von Niederschlag und potentieller Verdunstung ‚realer Landschaften' $N/(pLV) = 1$ zur klimaökologischen Gliederung Afghanistans herangezogen worden. Die Darstellung des relativen Anteils klassifizierter monatlicher Niederschlagssummen und der Dauer der Humidität zeigen jedoch durchaus ein ähnliches räumliches Muster. Die gesamte Analyse ist eng angelehnt an methodische Vorgaben, wie sie von Lauer und Frankenberg in ihrer Studie über Mexiko (Colloquium Geographicum 1978) dargelegt wurden.

In dem Beitrag von P. Frankenberg und Zheng Du zur floristischen Differenzierung von Tibet und ihrer Beziehung zu den klimatischen Gegebenheiten wird vor allem die bei den Saharastudien entwickelte ‚florengeographische Methode' (vgl. Lauer/Frankenberg 1977) auf den in weiten Teilen ökologisch andersartigen zentralasiatischen Hochgebirgsblock übertragen. Die floristisch-chorologische Differenzierung fußt auf Arealtypenspektren genormter Raumeinheiten. Sie gestatten eine quantitative Analyse von Vegetation und Klima sowie eine vegetationsgeographische Gliederung des Raumes. Die floristische Grenzziehung erfolgte auf der Basis einer Hauptkomponentenanalyse, wie sie für diesen Zweck von Klaus und Frankenberg (1980) am Beispiel der Westsahara erprobt worden ist. Es stellt sich heraus, daß die für den nordafrikanischen Trockenraum entwickelten Methoden durchaus zu einer sinnvollen geobotanischen Gliederung Tibets und zu einer klimatischen Interpretation der Ergebnisse führen.

Der Beitrag von P. Frankenberg zum zeitlichen Wandel der floristischen Differenzierung von Schwarzwald und Vogesen in ihrem Zusammenhang mit Klimaänderungen fußt auf Gedankengängen, die Lauer und Frankenberg 1979 zur Rekonstruktion des Vegetationsbesatzes der Westsahara für zwei vergangene Klimaepochen (Hochglazial um 18 000 B.P. und postglaziale Wärmezeit 5500 B.P.) angewandt haben.

Während in der Sahara die hygrischen Klimabedingungen in ihrer Auswirkung auf die Vegetation das vornehmliche Interesse beanspruchen, stehen im europäischen Mittelgebirgsraum von Schwarzwald und Vogesen die thermischen Klimabedingungen im Vordergrund. Frankenberg versucht daher, die thermischen Aspekte zur Rekonstruktion des Vegetationsbesatzes in der Vergangenheit und als Prognose für die Zukunft herauszuarbeiten.

Wie schon bei der Studie über die Sahara beruht der Grundgedanke der Vegetationsrekonstruktion und -prognose auf den aktuellen Beziehungen von Vegetation und Klima, die auf vergangene und zukünftige Klimazustände übertragen wird. Dabei wird das Ziel verfolgt, die Auswirkungen möglicher Klimaänderungen auf den Vegetationsbesatz festzustellen und nach Analogiefällen der Vergangenheit zukünftige Vegetationszustände zu prognostizieren. Auf diese Weise können auch verläßliche Klimaparameter (z. B. Albedo) abgeschätzt werden, um die räumliche Differenzierung zukünftiger Landschaftszustände und die Regelkreise ihrer Ökosysteme genauer zu erfassen.

Literaturverzeichnis

Klaus, D./Frankenberg, P. (1980): Pflanzengeographische Grenzen der Sahara und ihre Beeinflussung durch Desertifikationsprozesse. Geomethodica, 5, S. 109–135.

Lauer, W. (1952): Humide und aride Jahreszeiten in Afrika und Südamerika und ihre Beziehungen zu den Vegetationsgürteln. Bonner Geographische Abhandlungen, Bd. 9.

Lauer, W./Frankenberg, P. (1977): Zum Problem der Tropengrenze in der Sahara. Erdkunde, Bd. 31, S. 1–15.

Lauer, W./Frankenberg, P. (1978): Untersuchungen zur Ökoklimatologie des östlichen Mexiko – Erläuterungen zu einer Klimakarte 1:500 000. Colloquium Geographicum, Bd. 13, S. 1–134, Bonn.

Lauer, W./Frankenberg, P. (1979): Zur Klima- und Vegetationsgeschichte der westlichen Sahara. Abhandlungen der Math. Naturwiss. Klasse der Akad. der Wiss. und der Lit. Mainz, H. 1, Wiesbaden.

Nisançi, A. (1973): Studien zu den Niederschlagsverhältnissen in der Türkei unter besonderer Berücksichtigung ihrer Häufigkeitsverteilungen und ihrer Wetterlagenabhängigkeit. Dissertation, Bonn.

Rafiqpoor, M. D. (1979): Niederschlagsanalysen in Afghanistan. Der Versuch einer regionalen klimageographischen Gliederung des Landes. Unveröffentlichte Diplomarbeit am Geographischen Institut der Universität Bonn, Bonn.

Schneider-Carius, K. (1955): Zur Frage der statistischen Behandlung von Niederschlagsbeobachtungen. Meteorologische Zeitschrift, Bd. 9, S. 129, 193, 266, 299.

Troll, C. (1948): Der asymmetrische Vegetations- und Landschaftsaufbau der Nord- und Südhalbkugel. Göttinger Geographische Abhandlungen, 1, 1948.

Troll, C./Lauer, W. (Hrsg.) (1978): Geoökologische Beziehungen zwischen der temperierten Zone der Südhalbkugel und den Tropengebirgen. Erdwissenschaftliche Forschung, Bd. XI, Wiesbaden.

Verbreitung und ökologische Grundlagen der laubwerfenden *Nothofagus*-Arten im südlichen Andenraum

WINFRIED GOLTE

„Ein interessantes, aber ungelöstes Problem", schreibt W. Weischet (1970) in seiner Landeskunde Chiles, „stellt die ökologische Begründung des erheblichen Anteiles von winterkahlen Südbuchen im ‚Sommer-Lorbeerwald' (Oberdorfer, 1960) bzw. ‚sommergrünen Laubwald' (Schmithüsen, 1956) dar, der den relativ sommertrockenen Bereich des Kleinen Südens einnimmt."

In der Tat ist das Auftreten von stark durch sommergrüne Bäume bestimmten Wäldern im Kleinen Süden innerhalb der Vegetationszonen Chiles (Fig. 1) ein auffallendes Phänomen. Bekanntlich zeichnet sich die Klimagliederung dieses Landes dadurch aus, daß bei polwärts allmählich abnehmenden Temperaturen umgekehrt die Niederschläge von Norden nach Süden zunehmen, allerdings nicht ganz gleichmäßig, sondern streckenweise sprunghaft. Dabei bleibt bis an die Schwelle des Großen Südens (44° s. Br.) ein Wintermaximum der Niederschläge erhalten. Die chilenische Zentralzone weist ein subtropisches Winterregenklima auf, das demjenigen des Mittelmeergebietes entspricht. Dafür war vor der neuzeitlichen Zerstörung auch eine immergrüne Hartlaubvegetation charakteristisch. Bewegen wir uns nun in der chilenischen Längssenke weiter polwärts, so vollzieht sich südlich des Río Biobío (37°30' s. Br.), beim Verlassen der Subtropen (Weischet 1959), der Übergang von der Hartlaubvegetation zum ‚Sommer-Lorbeerwald', in dem die sommergrüne *Nothofagus obliqua* (roble, roble pellín) der beherrschende Baum ist (Photos 1 u. 2).

Das Klima im Bereich der von dieser laubwerfenden Südbuche beherrschten Wälder ist mit Jahresniederschlägen von etwa 1000–2000 mm bereits wesentlich feuchter als im mittelchilenischen Hartlaubgebiet. Das Wintermaximum bleibt erhalten, die Winterniederschläge sind sogar noch höher, aber auch die Sommer sind feuchter, dergestalt, daß die periodische Sommertrockenheit Mittelchiles im Kleinen Süden zu einer episodischen gemildert ist (vgl. van Husen 1967).

Gehen wir nun in der Längssenke weiter nach Süden, dann wird um etwa 41° s. Br. bei weiter zunehmender Sommerfeuchtigkeit, aber noch deutlichem Wintermaximum der Niederschläge der Sommer-Lorbeerwald wieder durch einen rein im-

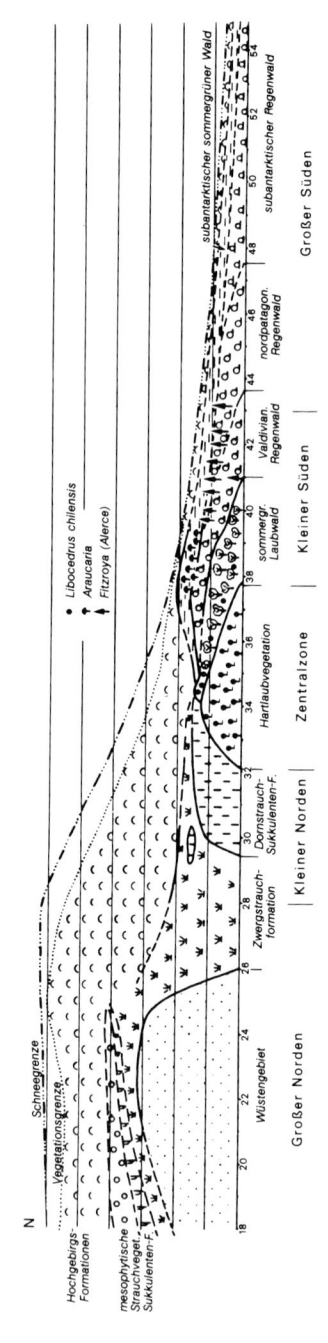

Fig. 1 Meridionales Höhenprofil der Vegetationsgürtel am Westabfall der Anden in Chile (n. Schmithüsen 1956).

mergrünen, sehr artenreichen Wald abgelöst, der als ‚valdivianischer Wald' (Hauman 1913), ‚valdivianischer Regenwald' (Schmithüsen 1956) oder ‚valdivianischer Lorbeer-Wald' (Oberdorfer 1960) bekannt ist.

Auch im chilenischen Küstenbergland und in der chilenisch-argentinischen Hochkordillere treten im Übergangsbereich zwischen Subtropen- und Westwindzone Wälder mit mehr oder weniger starker Dominanz sommergrüner Nothofagus-Arten auf, deren ökologische Stellung offensichtlich derjenigen der Sommer-Lorbeerwälder in der Längssenke entspricht (Fig. 1 u. 2). Dies erhellt schon aus dem Verhalten von N. obliqua, die äquatorwärts bis in Höhen von 2000 m aufsteigt. Zwischen etwa 35° und 36° s. Br. gesellen sich ihr drei auf wenige Vorkommen in Küstenbergland bzw. Hochkordillere beschränkte weitere sommergrüne Südbuchen (N. alessandrii, N. glauca, N. leoni). Eine ausgesprochen montane sommergrüne Art ist auch N. alpina (rauli), die nach der chilenischen Waldkarte (Yudelevich et alii 1967) namentlich zwischen 37°30' und 40°20' s. Br. ausgedehnte Bestände bildet(e), deren Optimum Oberdorfer (1960) zwischen 800 m und 1200 m Höhe ansetzt (Fig. 2). Die Raulí-Wälder konzentrieren sich demnach in etwa dem gleichen Breitenabschnitt, in dem auch – bei etwas größerer vertikaler Amplitude – N. obliqua ihre Hauptverbreitung hat und in der Längssenke zum vorherrschenden Waldbaum wird.

Die obere Waldgrenze schließlich wird polwärts von 36° s. Br. vorwiegend vom ‚subantarktischen sommergrünen Laubwald' (Schmithüsen 1956) aus N. pumilio und N. antarctica gebildet. Wenn deren Areal sich entlang der gesamten Südkordillere bis Feuerland (55° s. Br.) hinzieht (Fig. 10), und dieser Sommerwald zwischen den immergrünen Regenwäldern Westpatagoniens und der Steppe Ostpatagoniens vermittelt, so wird das dadurch möglich, daß hier aufgrund der Luv-Lee-Wirkung des Gebirges innerhalb der Westwindzone ein ähnlicher klimatischer Gradient zustande kommt, wie beim Übergang in die Subtropen Mittelchiles.

Die von Weischet (1970) aufgeworfene Frage nach den ökologischen Ursachen des Auftretens sommergrüner Südbuchen im Kleinen Süden Chiles läßt sich also in dreidimensionaler Sicht auf das gesamte Verbreitungsgebiet laubwerfender Nothofagus-Arten im südlichen Andenraum erweitern. Welche ökologische Bedeutung

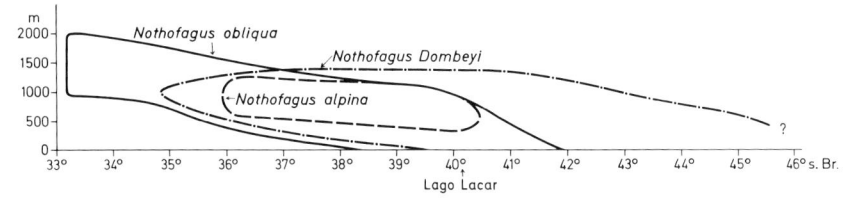

Fig. 2 Die meridionale und vertikale Verbreitung von Nothofagus obliqua, N. alpina und N. Dombeyi in den südlichen Anden.

Photo 1 Rest des Sommer-Lorbeerwaldes in der südchilenischen Längssenke östlich von Purranque bei ca. 40°50' s. Br. (Sommeraspekt). Darin vorkommende Baumarten: *Nothofagus obliqua* und *N. Dombeyi, Laurelia sempervirens, Persea lingue, Eucryphia cordifolia* (weißblühend, links der Mitte und ganz rechts), *Aextoxicon punctatum*. Vgl. Photo 2.   Februar 1969

hat angesichts der bestehenden klimatischen Gradienten der periodisch laubwerfende Habitus zwischen den und am Rande der immergrünen Formationen?

Schmithüsen (1956) sieht das wesentliche ökologische Merkmal des „temperierten Sommerwaldes" darin, daß „im Winter die verhältnismäßig großen Temperaturamplituden die Vegetationstätigkeit durch Wärmemangel und vor allem auch durch Frost" stärker einschränkten, als in den nördlich und südlich anschließenden Gebieten. Hierzu hat bereits Weischet (1970) bemerkt, daß zum einen die Fröste trotz einer gewissen Häufigkeit – die Station Osorno (vgl. Fig. 5) in 74 m ü. d. M. etwa verzeichnet im Mittel 49 Frostwechseltage, mit dem Maximum (10) im August (Instituto Superior de Agricultura, 1965) – nur höchst selten und kurzfristig unter -5 °C erreichen, und daß zum anderen die Mitteltemperaturen der Wintermonate (> 5 °C) für ein Wachstum durchaus noch genügen. Gegenüber der Auffassung Schmithüsens, daß im Unterschied zum zentralchilenischen Hartlaubgebiet die Vegetation im Sommerwaldgebiet kaum noch durch Trockenheit gehemmt werde, gibt Weischet zu bedenken, „ob nicht doch die Ursache des Laubwurfes eher im Wasserhaushalt zu suchen" sei – eine Ansicht, der übrigens bereits der in Südchile erfahrene Botaniker F. W. Neger (1913) zuneigte, wenn er gerade im Hinblick auf die dortigen *Nothofagus*-Arten meinte, „daß weniger die Temperaturextreme, als viel-

Photo 2   Derselbe Rest des Sommer-Lorbeerwaldes wie in Photo 1, Winteraspekt: *Nothofagus obliqua* im unbelaubten Zustand.   August 1969

mehr die Frage der Wasserversorgung den Laubfall beherrschen". Alle angeführten Erklärungsversuche freilich können schon insofern nicht befriedigen, als es sich um beiläufig geäußerte Vermutungen ohne ausreichende öko-physiologische Begründung handelt.

Als Ansatzpunkt für eine Lösung des Problems scheint mir ein ökologischer Vergleich der sommergrünen *N. obliqua* mit ihrer kleinblättrigen immergrünen Schwester *N. Dombeyi* (coihue) besonders geeignet zu sein, da ihre Verbreitungsgebiete sich im Kleinen Süden überlappen, beide Arten hier sogar nebeneinander am gleichen Standort gedeihen können, ihr jeweiliges Optimum jedoch unter deutlich divergierenden Standortsbedingungen finden.

Standortsmerkmale und Verbreitung von *Nothofagus obliqua* im Vergleich mit der immergrünen *Nothofagus Dombeyi*

Nur stellenweise bildet(e) *N. obliqua* reine oder fast reine Bestände („roblerías" oder „pellinadas"), wie sie etwa von Reiche (1897; 1907) für die Kordillere von Linares und von Berninger (1929) für den südlich davon gelegenen Kordillerenabschnitt bis Curacautín beschrieben wurden. In der Regel aber sind die Roblebestände mehr oder weniger stark von immergrünen Holzarten durchsetzt, wobei der Roble im ausgewachsenen Zustande seine Begleiter überragt (Photos 1 u. 2). Zu diesen immergrünen Begleitern gehören in den nördlichen Teilen seines Verbreitungsgebietes auch typische Vertreter der mittelchilenischen Hartlaubformation, wie *Lithraea caustica, Peumus boldus* und *Cryptocarya rubra*, während nach Süden zunehmend lorbeerblättrige Arten wie *Laurelia sempervirens, Persea lingue, Eucryphia cordifolia, Guevina avellana* und der bereits erwähnte immergrüne Coihue die Begleitvegetation bilden.

Ältere Robles (Photo 3) sind mächtige Bäume, die bis zu 40 m Höhe und über 2 m Stammdurchmesser in Brusthöhe erreichen können. Die mit der Namensübertragung durch die Spanier (roble = Eiche) unterstellte Ähnlichkeit mit dem europäischen Vorbild besteht allenfalls in Form und Verzweigung der Krone. Die eiförmiglanzettlichen und doppelt gesägten Blätter lassen sich am ehesten mit denen der

Photo 3   Roble huacho („verwaister Roble"), ein mächtiges altes Exemplar von *Nothofagus obliqua*, winterkahl, östlich von Temuco, Chile.   September 1974

Hainbuche (*Carpinus betulus*) vergleichen, sind aber in der Regel etwas kleiner. Der Roble besitzt ein rötliches, sehr hartes und dauerhaftes Kernholz (pellín), das für vielerlei Zwecke (Hausbau, Zäune, Bahnschwellen, etc.) verwendet wird.

Wo immer in der südchilenischen Längssenke der Roble vorkam, da war er dem Kolonisten ein untrüglicher Anzeiger für einen guten, ertragreichen Boden (Golte 1973). Dies ist auch der Grund dafür, daß gerade die Sommerwälder der Längssenke des Kleinen Südens der neuzeitlichen Rodung gewichen und durch eine charakteristische Parklandschaft mit stehengebliebenen Einzelbäumen – vorwiegend Robles – ersetzt worden sind (Photo 4). Es handelt sich um feinkörnige, tiefgründige (mindestens etwa 90 cm) Böden, deren hoher Anteil an Mittelporen ihnen eine gute Speicherfähigkeit für pflanzenverfügbares Wasser verleiht (Ellies 1975). Vorherrschendes Ausgangsmaterial dieser Böden sind jungvulkanische Aschen, die man mit dem indianischen Wort ‚trumao' (Staub) bezeichnet (vgl. Stimming 1961; Besoain 1969; Weinberger & Binsack 1970; Grez 1977). Auf diesen Trumaos hat sich unter Roblebeständen ein dicker, mullartiger Humus gebildet. Nicht zu Unrecht hat man diese Böden trotz ihres ganz anderen Ausgangsmaterials mit unseren mitteleuropäischen braunen Waldböden verglichen (Matthei 1929). Der Roble oder Pellín ist auf diesen Böden ein ausgesprochener Tiefwurzler, was zusammen mit der Härte

Photo 4 Typische Parklandschaft mit *Nothofagus obliqua* in der südchilenischen Längssenke bei Rio Negro, südlich von Osorno. Dezember 1972

und Fäulnisbeständigkeit des Holzes z. B. zur Folge hatte, daß man die mächtigen Stubben gefällter Exemplare meist noch jahrzehntelang inmitten des Acker- und Weidelandes stehenließ (Photo 4).

Deutlich anders nun verhält sich der immergrüne Coihue, dessen Areal bei 34°55' s. Br. am Río Teno in Chile beginnt (Reiche 1907) und bis über den 47. Breitengrad nach Süden reicht (Skottsberg 1916). Sein Hauptverbreitungsgebiet ist bis etwa 43° s. Br. die montane bzw. submontane Stufe (Fig. 2), wobei er freilich nur den unteren Rand des von *N. pumilio* und *N. antarctica* (teilweise auch *Araucaria araucana*) beherrschten obersten Waldgürtels erreicht. Südlich von ca. 40° s. Br. begegnet man *N. Dombeyi* immer häufiger auch in tieferen Lagen, so in der östlichen Hälfte der chilenischen Längssenke, im Bereich der Vorandenseen. Hier – wie auch jenseits der andinen Wasserscheide, auf der argentinischen Seite (Hueck 1966) – ist es die 1500 mm-Isohyete, die ihm eine Grenze setzt. In weiten Teilen seines montanen und südlichen Verbreitungsgebietes übersteigen die Jahresniederschläge 2000, ja 3000 und stellenweise sogar 4000 mm. Der Coihue ist also im Mittel an höhere Niederschlagsmengen gebunden als der Roble. Dies wird dadurch unterstrichen, daß er sich in den nördlichen und östlichen Teilen seines Areals, zumal auf den stärker besonnten Nordhängen und mit Annäherung an seine Untergrenze, häufig auf Standorte mit Zuschußwasser, wie Schluchten oder den Uferbereich von Wasserläufen, zurückzieht.

Ist der Roble im Kleinen Süden stets Indikator für einen tiefgründigen, relativ nährstoffreichen Boden, so zeigt dort umgekehrt dominierender Coihue arme, landwirtschaftlich ungünstige Böden an. *N. Dombeyi* bevorzugt nämlich einerseits flachgründige, teils zu Staunässe neigende Böden, wie sie z. B. in der südlichen Längssenke auf den fluvioglazialen Schotterfeldern im Vorland der Seen (Photo 5) auftreten, und andererseits sehr durchlässige, oft grobkörnige Substrate, wie sie als Förderprodukte der zahlreichen jungen Vulkane im Kordillerenbereich stark vertreten sind. Bezeichnenderweise spielt der Coihue als Begleiter der Alerce (*Fitzroya cupressoides*) eine große Rolle – einer Conifere, die sich ausschließlich auf extrem basenarmen, im Tiefland stark vernäßten Standorten findet (Fig. 6; Golte 1974). Entsprechend ist auch die Humusbildung unter Beständen mit Coihue-Dominanz weniger mullartig, wie beim Roble, sondern tendiert zu Moder oder Rohhumus. Sehr eindrucksvoll kommen die genannten Standortsvarianten – bei einer Höhenamplitude von 1200 m – um den Llanquihue-See vor (Fig. 3), wo vielerorts nicht nur reine ‚coihuerías' zu sehen sind, sondern auch der Gegensatz zu denjenigen Standorten besonders augenfällig ist, auf denen der Roble zur Vorherrschaft gelangt (vgl. Urban 1927). Wo hier und anderswo der Coihue in Beständen gemeinsam mit dem Roble erscheint, ist damit angezeigt, daß der Boden nur noch mäßige Entwicklungstiefe und mittlere landwirtschaftliche Qualität erreicht. Mit den ange-

Verbreitung und ökologische Grundlagen der laubwerfenden *Nothofagus*-Arten 17

führten Standortsmerkmalen hängt zusammen, daß der Coihue auch eine ausgesprochene Pionierholzart ist, so namentlich auf frischen vulkanischen Auswurfsmassen, Waldsturzstreifen, Brandflächen u. dgl. (vgl. Veblen & Ashton 1978).

Die geschilderten Standortsansprüche des Coihue erhalten ihre volle ökologische Bedeutung freilich erst durch die Tatsache, daß er im Gegensatz zum Roble ein ausgeprägter Flachwurzler ist. Diese Eigenschaft des Coihue ist zwar gelegentlich bemerkt, in ihren ökologischen Konsequenzen aber nicht bedacht worden. Das ober-

Photo 5   Nach Brandrodung übriggebliebener Rest eines dünnstämmigen Coihue-Waldes (*Nothofagus Dombeyi*) im Ñadi Frutillar westlich des Llanquihue-Sees bei 41°10′ s. Br. Das offenliegende Bodenprofil zeigt einen typischen flachgründigen Ñadi-Trumao mit einer etwa 50 cm mächtigen Auflage vulkanischer Asche über fluvioglazialem Schotter der letzten Eiszeit. Im Kontaktbereich der Aschen und Schotter hat sich unter dem Einfluß starker Auswaschung und eines jahreszeitlich hochstehenden Grundwasserspiegels ein durch Eisenoxyde verkrusteter Stauhorizont (fierillo) entwickelt.   Dezember 1972

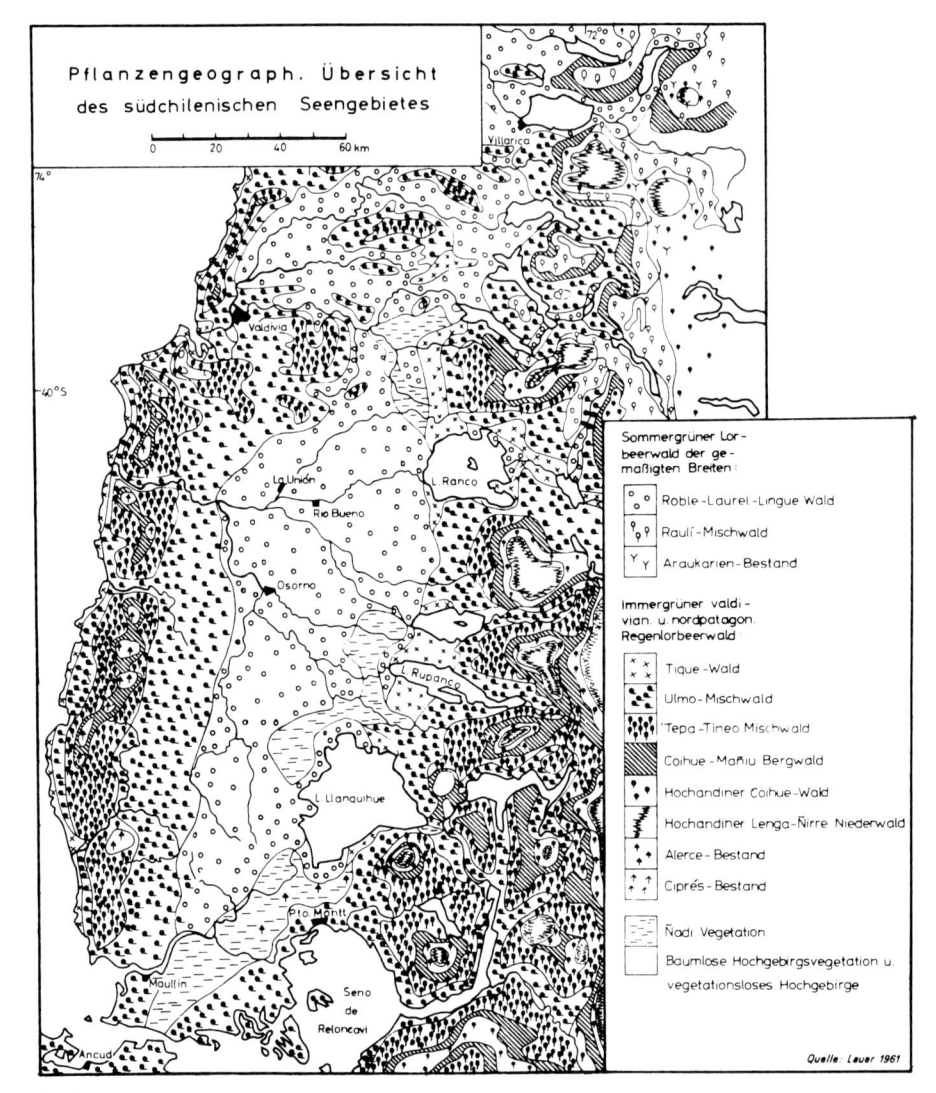

Pflanzengeograph. Übersicht des südchilenischen Seengebietes

Sommergrüner Lorbeerwald der gemäßigten Breiten:
- Roble-Laurel-Lingue Wald
- Raulí-Mischwald
- Araukarien-Bestand

Immergrüner valdivian. u. nordpatagon. Regenlorbeerwald:
- Tique-Wald
- Ulmo-Mischwald
- Tepa-Tineo Mischwald
- Coihue-Mañiu Bergwald
- Hochandiner Coihue-Wald
- Hochandiner Lenga-Ñirre Niederwald
- Alerce-Bestand
- Ciprés-Bestand
- Ñadi Vegetation
- Baumlose Hochgebirgsvegetation u. vegetationsloses Hochgebirge

Quelle: Lauer 1961

Fig. 3

flächliche Streichen des Wurzelsystems ist bei diesem Baum auch auf sehr lockerer Bimsunterlage festzustellen. Mit der Flachwurzeligkeit steht wohl die bei alten Exemplaren zu beobachtende mächtige Entwicklung der Stammbasis mit der Tendenz zur Brettwurzelbildung in Zusammenhang, auf die bereits Skottsberg (1916), Kalela (1941) und Oberdorfer (1960) hingewiesen haben. Weil der Coihue ein ausgesprochener Flachwurzler ist, kommt es immer wieder vor, daß nicht nur jüngere, sondern auch kräftige alte Bäume durch stürmische Winde geworfen werden.

Da nun bei den divergierenden Standorts- und Bewurzelungsverhältnissen der beiden *Nothofagus*-Arten offensichtlich Unterschiede im Bodenwasserhaushalt eine entscheidende Rolle spielen, empfiehlt es sich, zunächst die jahreszeitliche Verteilung der Niederschläge und der Feuchtigkeit genauer zu betrachten. Die recht hohen Niederschlagssummen in ihrem gemeinsamen Verbreitungsgebiet sind sehr ungleichmäßig über das Jahr verteilt (Fig. 4 u. 5), dergestalt, daß etwa Dreiviertel im Winterhalbjahr (April–September) und nur ein Viertel im Sommerhalbjahr (Oktober–März) fallen. Der Winter ist durch geschlossene Bewölkung und sehr hohe Niederschläge gekennzeichnet, die aus den Frontensystemen der mit großer Regelmäßigkeit bei etwa 42° s. Br. auf die chilenische Küste treffenden Zyklonen resultieren (van Husen 1967). Der Sommer dagegen weist wegen des Alternierens zyklonaler und antizyklonaler Witterung einen stark wechselnden Bewölkungsgrad und sehr unregelmäßige Niederschläge auf, die im Extremfall einen ganzen Monat (Januar oder Februar) völlig ausbleiben können. Wegen dieser mit einer Wahrscheinlichkeit von bis zu 13 % möglichen einmonatigen Regenlosigkeit hat van Husen diese Zone als diejenige episodischer Sommertrockenheit bezeichnet. Die Äquatorgrenze dieser Zone wird dort erreicht, wo regenlose Sommermonate nicht nur die Ausnahme bilden, sondern zur Regel werden. Sie liegt in der chilenischen Längssenke sehr scharf bei 38° s. Br., das heißt genau dort, wo auch der von *N. obliqua* beherrschte Sommer-Lorbeerwald seine Grenze gegen die Hartlaubvegetation Mittelchiles findet. Ganz entsprechend wird die Polargrenze der Zone episodischer Sommertrockenheit (gegen die Zone ganzjähriger Niederschläge mit Wintermaximum), die van Husen in der Längssenke bei 41° s. Br. ansetzt, durch die Südgrenze der Sommer-Lorbeerwälder markiert (s. u.).

Der hygrische Gegensatz von Winter und Sommer kommt noch schärfer zum Ausdruck, wenn wir außer den Niederschlägen auch die potentielle Verdunstung heranziehen und für jeden Monat die „klimatologische Wasserbilanz" (Henning & Henning 1976) berechnen (Tab. 1). Die beiden Stationen, für die die genannten Autoren freundlicherweise ihre unveröffentlichten Verdunstungswerte zur Verfügung stellten, sind für unsere Problemstellung insofern geeignet, als Traiguén in der Längssenke nahe der Äquatorgrenze der Sommerwälder liegt, und die innerhalb des Küstenberglandes in geringer Meereshöhe gelegene Station Valdivia (vgl. auch Fig. 3 u. 4) Bedingungen aufweist, die denjenigen an der Polargrenze der Sommerwälder in der Längssenke ziemlich nahekommen. Es zeigt sich, daß zwar, aufs ganze Jahr gesehen, die Wasserbilanz an diesen Stationen positiv ist, daß aber im Sommerhalbjahr, selbst bei Zugrundelegung der Mittelwerte, durchaus negative monatliche Bilanzen auftreten. Unter Berücksichtigung der bei der sehr niederschlagsreichen Station Valdivia im November nur knapp positiven Bilanz muß im Sommerwaldgebiet des Kleinen Südens mit 4–6 ariden Monaten gerechnet werden. Wäh-

Tab. 1: Monatlicher Niederschlag (N), potentielle Landverdunstung (PLV) und klimatologische Wasserbilanz (W = N−PLV) der Stationen *Traiguén* (38°15' S, 72°40' W; 177 m) und *Valdivia* (39°48' S, 73°14' W; 9 m). Die Werte für PLV stellten D. und I. Henning aus ihrem unveröffentlichten Datenmaterial zur Verfügung. Alle Werte in mm; So = Sommerhalbjahr (Okt.−März), Wi = Winterhalbjahr (April−Sept.). Zur Berechnung von PLV siehe Henning & Henning (1976).

		J	F	M	A	M	J	J	A	S	O	N	D	Jahr	So	Wi
Traiguén	N	24	31	57	81	189	213	182	163	95	62	65	41	1203	280	923
	PLV	175	138	106	58	36	16	17	33	58	99	130	168	1034	816	218
	W	−151	−107	−49	23	153	197	165	130	37	−37	−65	−127	169	−536	705
Valdivia	N	65	69	115	212	377	414	374	301	214	119	122	107	2489	597	1892
	PLV	154	139	89	48	28	15	13	28	56	93	119	143	965	737	228
	W	−89	−70	26	164	349	399	361	273	162	26	3	−36	1524	−140	1664

rend hier also das Winterhalbjahr durch einen hohen bis sehr hohen Wasserüberschuß gekennzeichnet ist, weist das Sommerhalbjahr ein kräftiges Defizit auf.

Dieses ausgeprägte jahreszeitliche Mißverhältnis liefert uns einen Schlüssel zum Verständnis der divergierenden Standorts- und Bewurzelungseigenschaften der beiden *Nothofagus*-Arten. Wir gehen dabei von der Feststellung aus, daß die hohen Niederschlagsüberschüsse des Winterhalbjahres schon allein wegen der dann thermisch bedingten Verlangsamung der Vegetationstätigkeit kaum unmittelbar genutzt werden können. Es kommt also entscheidend darauf an, in welchem Ausmaß diese durch die Wasserkapazität des Bodens in die thermisch günstigere, aber hygrisch defizitäre Jahreszeit gespeichert werden können.

Betrachten wir zunächst den immergrünen Coihue, so fällt als gemeinsames Merkmal seiner flachgründig-staunassen und/oder äußerst durchlässigen Böden die geringe Speicherfähigkeit für die gerade in seinem Verbreitungsgebiet hohen bis sehr hohen Winterniederschläge auf. Hier liegt offensichtlich ein auf Rückkopplung beruhender Zusammenhang vor, sind es doch vor allem die – aus hohen Niederschlagsmengen bei relativ niedrigen, aber noch frostarmen Temperaturen resultierenden – exzessiven Wasserüberschüsse des Winterhalbjahres selbst, die durch die verschiedenen Formen der chemischen und mechanischen Auswaschung (vgl. Schwabe 1956) die Bildung einer speicherfähigen Bodenmatrix verhindern. In dem durch die starke Auswaschung bedingten basenarmen Milieu der Coihue-Standorte kann keine sorptionsfähige Tonsubstanz entstehen. Es ist also kein Zufall, daß das Hauptverbreitungsgebiet von *N. Dombeyi* (36–45° s. Br.) genau in jenen Andenabschnitt fällt, der nach von Husen (1967) die höchsten Winterniederschläge verzeichnet. Es ist die relative Einförmigkeit der winterlichen Niederschlagsverhältnisse in jenem Abschnitt, und nicht etwa eine besonders breite ökologische Valenz, die das erstaunlich große Verbreitungsgebiet und die scheinbare standörtliche Vielfalt dieses Baumes begründet.

Die geringe Speicherkapazität der Substrate und Böden unter Coihue hat zur Folge, daß diesem für ein Wachstum im Sommer nur wenig Wasser zur Verfügung steht, und dies umso eher, als gerade die oberen Bodenhorizonte der Austrocknung am stärksten ausgesetzt sind, und die Wassernachlieferung durch kapillaren Aufstieg etwa bei den vulkanischen Aschen besonders schlecht ist (vgl. Ellies 1975). Antizyklonale Wetterlagen gehen in Südchile mit sehr stetigen Südwinden einher, die zusammen mit der intensiven Strahlung den Oberboden schon nach wenigen Tagen stark austrocknen lassen. Wenn nun der Coihue im nördlichen Teil seines Verbreitungsgebietes auf die erwähnten relativ feuchten Standorte ausweicht, so wird damit die im südlichen Teil größere sommerliche Niederschlagshäufigkeit kompensiert und eine allzu starke Austrocknung vermieden. Immerhin ist er mit seinen kleinen, myrtoiden Blättern auf eine weitgehende Verknappung des Bodenwassers in seinem durchwurzelten Bereich eingestellt. Welchen Vorteil aber bietet seine auffallende Flachwurzeligkeit? Könnte man doch annehmen, daß ein Baum unter derartigen klimatischen Bedingungen sich durch ein tieferreichendes Wurzelsystem Wasservorräte erschließt, die besser vor Austrocknung geschützt sind. Wenn dies beim Coihue nicht geschieht, so kann der Grund nur darin liegen, daß durch die übermäßige Bodennässe des Winterhalbjahres die lebensnotwendige Belüftung der Wurzel erschwert wird und nur durch ein dicht unter der Oberfläche streichendes Wurzelsystem gewährleistet werden kann. Hier ist – zumindest bei der etwas verringerten Niederschlagshäufigkeit in den Übergangsjahreszeiten – noch am ehesten die Möglichkeit einer gewissen Abtrocknung und damit besseren Luftzutritts gegeben. In diesem Zusammenhang ist auch die Neigung zur Brettwurzelbildung bei alten Coihues zu sehen. Brettwurzeln sind ein Anpassungsmerkmal, dem wir häufig im tropischen Regenwald, besonders auf tonreichen Alluvialböden und bei schlechter Entwässerung, aber auch beispielsweise in unseren heimischen Auenwäldern bei Lombardischen Pappeln (*Populus nigra* var. *italica*) und Flatterulmen (*Ulmus laevis*) begegnen, stets also in Verbindung mit starker Bodenvernässung. Bünning (1956) sieht in der Sauerstoffarmut wasserreicher und wenig luftdurchlässiger Böden den wichtigsten Faktor für die Entstehung dieser und verwandter Wurzelbildungen. Da der Coihue wie andere *Nothofagus*-Arten eine ectotrophe Mykorrhiza besitzt (van Steenis 1971), die aus organischen Verbindungen Ammoniakstickstoff freizumachen vermag, liegt die Vermutung nahe, daß der durch die Flachwurzeligkeit geförderte Luftzutritt bzw. Wechsel zwischen Naß- und Trockenphase auch für die – bei der Photosynthese unerläßliche – Stickstoffversorgung eine Rolle spielt.

Alles deutet – um die Analyse der Coihue-Standorte zusammenzufassen – darauf hin, daß das Wachstum dieses Baumes durch zwei ökologische Engpässe bestimmt wird: im Winter (Juni–August) durch mit relativ niedrigen Temperaturen verbundene exzessive Bodennässe, im Sommer (Dezember–Februar) durch zunehmende Verknappung des Bodenwassers. Weder im Winter, noch im Sommer freilich wird sein Wachstum vollständig unterdrückt. Optimale Voraussetzungen für die Photosynthese aber sind nur in den Übergangsjahreszeiten (vor allem im Frühjahr) gegeben, wenn Bodenfeuchtigkeit und Temperatur einen günstigen gemeinsamen Nenner finden. Ohne Zweifel ist ein immergrüner, kleinblättriger Baum diesen Verhältnisse am besten angepaßt, wobei die streng zweizeilig in eine Horizontalebene gestellten Blätter und die auffallend stockwerkartige Anordnung der Zweige (Photo 5) dem Coihue eine optimale Ausnützung des Lichts insbesondere in den relativ strahlungs- und lichtarmen Übergangsjahreszeiten ermöglichen.

Der periodische Laubwechsel bei *Nothofagus obliqua* als Anpassung an die interferierenden hygrischen und thermischen Jahresschwankungen

Anders als beim Coihue kann im Wurzelraum des sommergrünen Roble ein hoher Anteil des winterlichen Wasserüberschusses gespeichert werden, der dort, in größerer Bodentiefe, auch besser vor Verdunstungsverlusten geschützt ist. Dafür spielen nicht nur die primären Eigenschaften des Substrats, wie Mächtigkeit, Feinkörnigkeit und Basengehalt, eine Rolle, sondern auch die im Mittel geringeren Niederschlagsmengen, einschließlich der ein gewisses Maß nicht überschreitenden Sommerfeuchtigkeit, die im Zusammenspiel eine gegenüber typischen Coihue-Standorten geringere Auswaschung bewirken. Auf der Basis von Ellies (1975) kann man für einen 1,40 m mächtigen Trumao-Boden eine Feldkapazität von 260 mm errechnen (Riesco 1978). Eine solche Feldkapazität stimmt in ihrer Größenordnung mit den Verhältnissen in Mitteleuropa überein.

Man vergleiche auch etwa die Tatsache, daß im Rotbuchenwald des Solling pro Jahr ca. 280 mm Wasser transpiriert werden (Ellenberg 1978). Aufgrund der guten Speicherkapazität des Bodens kann der Roble seinen Wasserhaushalt in der wärmeren Jahreszeit weitgehend auf die reichlichen und zuverlässigen Winterniederschläge stützen. Da im Sommerhalbjahr während der eingeschalteten Hochdruckwetterlagen der Oberboden immer wieder relativ stark austrocknet, ist in dieser Jahreszeit auch die Belüftung seines tiefreichenden Wurzelsystems gesichert. Andererseits wirkt sich der wiederholte Wechsel von Naß- und Trockenphase im Oberboden günstig auf das mikrobielle Leben und damit besonders für die Humusbildung (Laubstreu!) und Stickstoffversorgung aus.

Wir sind damit bei der Frage angelangt, welche Rolle die Temperatur im Verbreitungsgebiet der Sommerwälder spielt. Worauf es dabei ankommt, möchte ich an dem Thermoisoplethendiagramm von Valdivia (Fig. 4) erläutern. Die Winter sind hier wegen der fast ohne Unterbrechung geschlossenen Bewölkung relativ kühl (Maxima ca. 10 °C), aber auch die Tagesschwankungen (4–5 °C) sind dann gering. Im Sommer hingegen bilden die Isoplethen deutlich ein Wärmeplateau mit mittäglichen Maxima um 20 °C, wobei die Tagesschwankungen mit 8–10 °C doppelt so hoch sind wie im Winter. Beides ist nicht nur eine Folge des höheren Sonnenstandes, sondern vor allem der im Sommer immer wieder auftretenden und u. U. mehrere Wochen anhaltenden antizyklonalen Witterung mit ungehinderter Ein- und Ausstrahlung.

Betrachten wir nun die Station Osorno (Fig. 5), die in der etwas kontinentaler getönten Längssenke inmitten ausgedehnter Sommerwälder gelegen ist, so zeigt sich, daß die sommerliche Erwärmung hier noch stärker ausgeprägt ist. Die mittleren Maxima in dieser Jahreszeit erreichen hier 23 °C. Damit aber wird klar, daß zu den Wachstumsbedingungen des Roble nicht nur eine reichliche Wasserrücklage aus

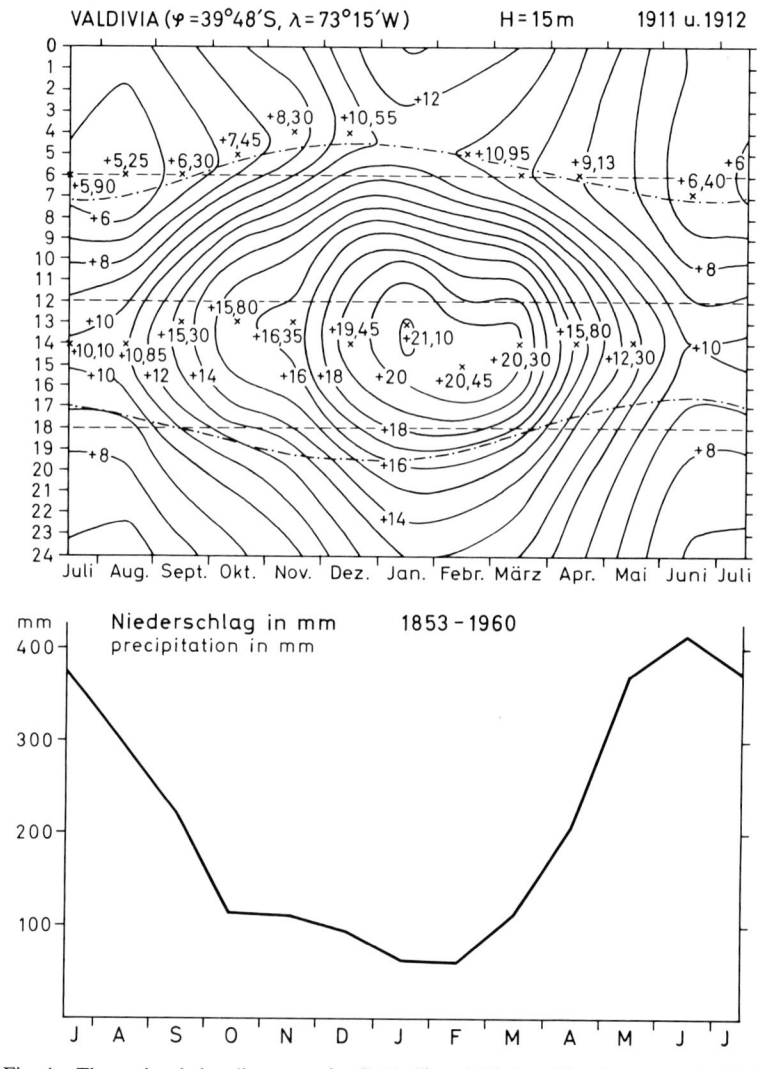

Fig. 4 Thermoisoplethendiagramm (n. C. Troll) und Niederschlagskurve von Valdivia.

dem Winter gehört, sondern auch eine ausgeprägte sommerliche Erwärmung, die dem Baum eine Photosynthese auf hohem Niveau ermöglicht. Ich erinnere hier an die van't Hoffsche Regel, die besagt, daß eine Erwärmung um 10 °C eine Verdoppelung der Geschwindigkeit chemischer Reaktionen bewirkt. Doch nicht nur die bei Strahlungswetter erhöhte tageszeitliche Erwärmung und damit die – bei zudem optimalen Lichtverhältnissen – gesteigerte Photosynthese wirken sich im Sommer günstig für die Stoffbilanz aus, sondern auch die dann infolge verstärkter Ausstrahlung relativ niedrigen Nachttemperaturen, werden durch sie doch die Atmungsverluste auf ein Minimum reduziert.

Der Rhythmus von Laubentfaltung (Sept./Okt.) und Laubfall (April/Mai) bei *N. obliqua* (Fig. 5) zeigt, daß dieser Baum dem Zusammenspiel von Temperatur und Bodenfeuchte in optimaler Weise angepaßt ist. Er ist dann photosynthetisch aktiv, wenn die Tagesmittel über 10 °C liegen. Auch für unsere europäischen sommergrünen Bäume ist dies der kritische Wert, oberhalb dessen sie belaubt sind und assimilieren (vgl. Walter 1960).

An dieser Stelle der Argumentation wird auch klar, welchen Vorteil im Zusammenhang mit dem beschriebenen jahreszeitlichen Gang der hygrischen und thermischen Bedingungen die periodische Erneuerung der assimilierenden Organe, also die Lebensform des sommergrünen Laubbaumes bietet. Bekanntlich ist der Laubwechsel bei allen Bäumen – auch den sog. immergrünen – ein endogen angestrebter Vorgang, der darauf beruht, daß die Leistungsfähigkeit eines Blattes mit zunehmendem Alter abnimmt (vgl. Kisser 1976). Wenn nun ein Baum wie der Roble sein ge-

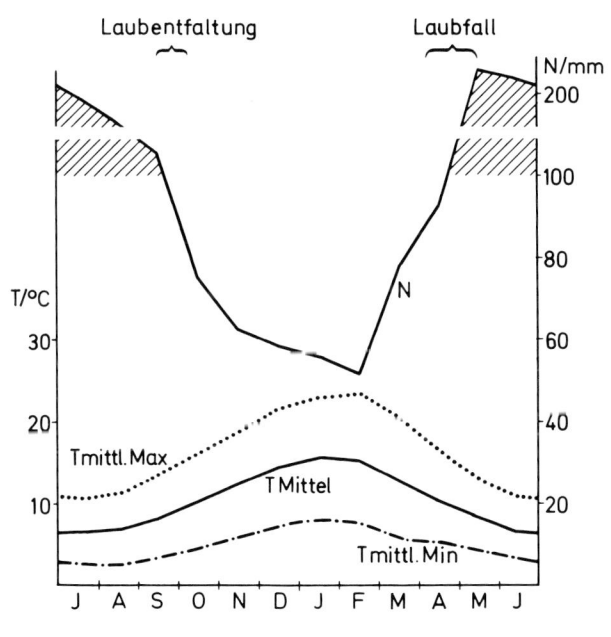

Fig. 5 Laubentfaltung und Laubfall bei *Nothofagus obliqua* in Beziehung zum jahreszeitlichen Gang von Temperatur und Niederschlag am Beispiel der Station Osorno.

samtes Blattkleid alljährlich für die sommerliche Wachstumszeit erneuert, dann deshalb, weil ein solches kurzlebiges Blatt eine maximale Oberfläche und photosynthetische Leistung bei geringstem Substanzaufwand bietet. Auch die Leistungsfähigkeit des sommergrünen Blattes geht im Laufe des Sommers zurück, beim Holunder (*Sambucus nigra*) beispielsweise von Anfang Mai bis Mitte Juli auf die Hälfte. Das Blatt erreicht seine höchste Leistungsfähigkeit unmittelbar dann, wenn es sich voll entfaltet hat.

Demnach ist bei *N. obliqua* der Zustand der Belaubung mit der Jahreszeit optimaler Synthesebedingungen synchronisiert, dergestalt, daß der im Winterhalbjahr entstehende Vorrat an Bodenwasser im Sommerhalbjahr bei optimalen Temperaturen und Lichtverhältnissen größtmöglichen Stoffgewinn bringt. Anders als ein immergrüner Baum vermag der sommergrüne Roble dadurch, daß er im Herbst durch Abwerfen seines Laubes die Transpiration drastisch reduziert, das vorhandene Bodenwasser im Sommerhalbjahr weitgehend auszuschöpfen. Für ihn beginnt mit dem Laubwurf eine Ruhezeit, während der sich das Leben gewissermaßen in Wurzeln, Stamm, Äste und Knospen zurückzieht, und das Bodenwasser sich wieder bis zur Feldkapazität auffüllen kann.

Das Auftreten dieses sommergrünen Baumes beruht also auf einer Interferenz ausgeprägter hygrischer und thermischer Jahreszeiten. Einerseits muß, unter Ausnutzung der Speicherfähigkeit des Bodens, als Ergebnis des jahreszeitlichen Ganges der Humidität bzw. Aridität im Sommerhalbjahr ein Wasservorrat zur Verfügung stehen, der dem Baum noch bei dem dann relativ hohen evaporativen Potential der Atmosphäre einen intensiven Gasaustausch erlaubt. Ein intensiver Gasaustausch und hoher Stoffgewinn des Baumes sind andererseits nur möglich, wenn das Sommerhalbjahr auch thermisch ausreichend begünstigt ist. Diese thermische Begünstigung des Sommerhalbjahres beruht, wie wir gesehen haben, auf den im Wechsel mit zyklonalen Wetterlagen immer wieder eingeschalteten Phasen mit Strahlungswetter. Nur bei wolkenarmer, antizyklonaler Witterung ist die Möglichkeit zu autochthoner Witterungsgestaltung mit entsprechender tageszeitlicher Erwärmung und – die Atmungsverluste verringernder – nächtlicher Abkühlung gegeben. Was dies bedeutet, zeigt sich im Vergleich mit dem polwärts anschließenden Großen Süden Chiles (Fig. 1), dessen thermische Ungunst im Sommer W. Weischet (1968; 1978) darauf zurückführt, daß das der dortigen Breitenlage entsprechende autochthone Strahlungsklima sich nicht auswirken kann, weil es permanent vom zyklonalen Geschehen der energiereichen südhemisphärischen Westwinddrift, also einem allochthonen Faktor, überlagert wird.

Die Lage des Sommerwaldgebietes läßt sich daher als Ergebnis eines hier im Sinne der hygrischen und thermischen Ansprüche der sommergrünen Bäume stattfindenden Ausgleichs verstehen. Innerhalb des durch reiche Winterniederschläge gekennzeichneten Andenabschnittes nimmt es nur einen schmalen Übergangsraum am Rande der Subtropen ein, in dem die Häufigkeit antizyklonaler Wetterlagen im Sommer die Voraussetzung für eine auf hohem Niveau arbeitende Photosynthese liefert, ohne ein Maß zu überschreiten, jenseits dessen die für einen optimalen Gasaustausch erforderliche hohe Hydratur der gegen übermäßige Verdunstung nur unzureichend geschützten sommergrünen Blätter nicht mehr aufrechterhalten werden könnte. Dem entspricht es, wenn der Sommer-Lorbeerwald mit der äquatorwärts 38° s. Br. rasch zunehmenden Sommertrockenheit von einer immergrünen Hartlaubvegetation abgelöst wird, die ihre Transpirationsverluste auf ein Minimum einzuschränken vermag. Bezeichnenderweise konnte noch bei den immergrünen Holzarten des Sommerwaldgebietes, wie beispielsweise den typischen Roble-Begleitern *Laurelia sempervirens* und *Persea lingue*, eine erheblich verringerte Minimal-(Cuticular-)Transpiration festgestellt werden, die der Vermeidung übermäßiger Wasserverluste in trockenen Perioden dient (Weinberger et alii 1973). Polwärts des Sommerwaldgebietes nimmt zwar die Niederschlagshäufigkeit im Sommer zu, damit aber auch die thermische Begünstigung dieser Jahreszeit ab. Hier herrschen infolgedessen immergrüne Arten vor, die sich in der Abwehr der Austrocknung auf eine ausgeprägte Resistenz des Protoplasmas beschränken (Weinberger et alii 1973). Das Nebeneinander sommergrüner und immergrüner Arten, im besonderen das der verschiedenen Vertreter der Gattung *Nothofagus*, zeigt, daß – anders als etwa in Mitteleuropa – im Kleinen Süden Chiles in der Tat annähernd ein Gleichgewicht der klimatischen Wachstumsbedingungen für beide Lebensformen herrscht, das sich nur unter bestimmten Voraussetzungen des Substrates (bzw. Bodens), der Höhenlage und der Exposition stärker zugunsten der einen oder der anderen Seite neigt. Darauf deuten auch die Messungen von Kubitzki (1964) hin, die zeigen, daß sowohl die sommergrünen, als auch die lorbeerblättrigen Arten des südchilenischen Sommer- und Lorbeerwaldgebietes selbst nach mehrwöchiger Trockenheit noch beträchtliche Tagesschwankungen der Saugspannung aufweisen, also nicht unter Wassermangel leiden.

Daß es tatsächlich die angeführte Kombination thermischer und hygrischer Faktoren ist, die der Verbreitung von *N. obliqua* zugrunde liegt, möchte ich im folgenden anhand der Polar- und der Äquatorgrenze dieses Baumes zeigen.

Die Polargrenze von *Nothofagus obliqua*

Die südliche Grenze großer geschlossener Sommer-Lorbeerwälder mit Roble pellín liegt bei etwa 41° s. Br. (Fig. 1–3). Ausgedehnte ‚pellinadas' finden sich noch in der Umgebung von Corte Alto. Sie enden mit scharfer Grenze am sog. Ñadi Frutillar, wo an die Stelle der tiefgründigen Hügel-Trumaos flachgründige Trumaos (vgl. Diaz Vial et alii 1958) über fluvioglazialen Schottern (Photo 5) treten, die im

Winter stark vernässen und im Sommer mehr oder weniger austrocknen. Westlich dieses großen Ñadi-Gebietes zog sich – im Lee des die zyklonalen Einflüsse abmildernden Küstenberglandes – eine schmale Zunge von Roble-Vorkommen bis zum Río Maullín hin, während südlich des Ñadi Frutillar nur kleine Gruppen dieses Baumes auftraten (vgl. Martin 1898). Ein Ortsname wie Pellines (südlich von Frutillar, bei 41°12′ s. Br.) und eine alte Bezeichnung wie ‚el alto de los pellines‘ für die Moränenanhöhe unmittelbar westlich von Puerto Varas (41°18′ s. Br.) zeigen, daß hier den Siedlern inselartige Bestände von *N. obliqua* auffielen. Längst verschwundene Vorkommen dieses Baumes gab es auch auf der Insel Tenglo (vor Puerto Montt, bei 41°30′ s. Br.) und sogar, als südlichster Vorposten, bei Ancud am Nordrande von Chiloé (41°52′ s. Br.), aber sie waren nur „ganz kleine Oasen in der immergrünen Waldwüste" (Martin).

Ohne Zweifel verläuft hier eine wichtige thermische und hygrische Grenze. Van Husen (1967) setzt in der Längssenke bei 41° s. Br. die Polargrenze episodisch möglicher Sommertrockenheit gegen die Zone ganzjähriger Niederschläge mit Wintermaximum an. Es ist dabei höchst aufschlußreich für die feinen ökologischen Zusammenhänge, daß – wenn man von Süden her kommt – Ancud auch die erste Station ist, die zum einen deutliche Unterschiede zwischen Sommer- und Winterniederschlägen zeigt und zum anderen, wenn auch nur mit einer Häufigkeit von 0,7 %(!), in langen Beobachtungszeiträumen einzelne völlig regenlose Sommermonate (Januar) verzeichnet. Hier tritt also die episodisch mögliche Sommertrockenheit zum erstenmal – und zunächst noch isoliert – auf, deren Häufigkeit bis zur Nordgrenze der Sommerwälder in der Längssenke allmählich bis auf 13 %, und von da an sprunghaft zunimmt.

In einer früheren Arbeit (Golte 1974) habe ich gezeigt, daß die Äquatorgrenze der für das immergrüne valdivianische Waldgebiet kennzeichnenden Alerce (*Fitzroya cupressoides*) in einer auffallend engen Beziehung zu der von van Husen festgestellten Polargrenze episodischer Sommertrockenheit steht (Fig. 6). Die Äquatorgrenze dieser Conifere verhält sich damit komplementär zur Polargrenze von *N. obliqua*. Dies gilt auch für die Leitart der montanen Sommer-Lorbeerwälder, *N. alpina* (Fig. 2), die in Chile bei 40°30′, jenseits der Hauptwasserscheide auf der argentinischen Seite bei 40°23′ s. Br. ihre südliche Verbreitungsgrenze erreicht. Umgekehrt findet sich bei 40°47′ s. Br. am Antillanca (Photo 7) das nördlichste Vorkommen der immergrünen *N. betuloides* (vgl. Veblen et alii 1977), die in den westpatagonischen und magellanischen Regenwäldern die ihr sehr ähnliche *N. Dombeyi* ersetzt. Hinter der episodisch möglichen Sommertrockenheit steht eine bestimmte Häufigkeit und Dauer antizyklonaler Wetterlagen, deren polwärtige Abnahme zugleich für den Rückgang der Sommerwärme und der sommerlichen Tagesamplituden verantwortlich ist. Ein guter Indikator für diese Verschiebungen des Klimas mit

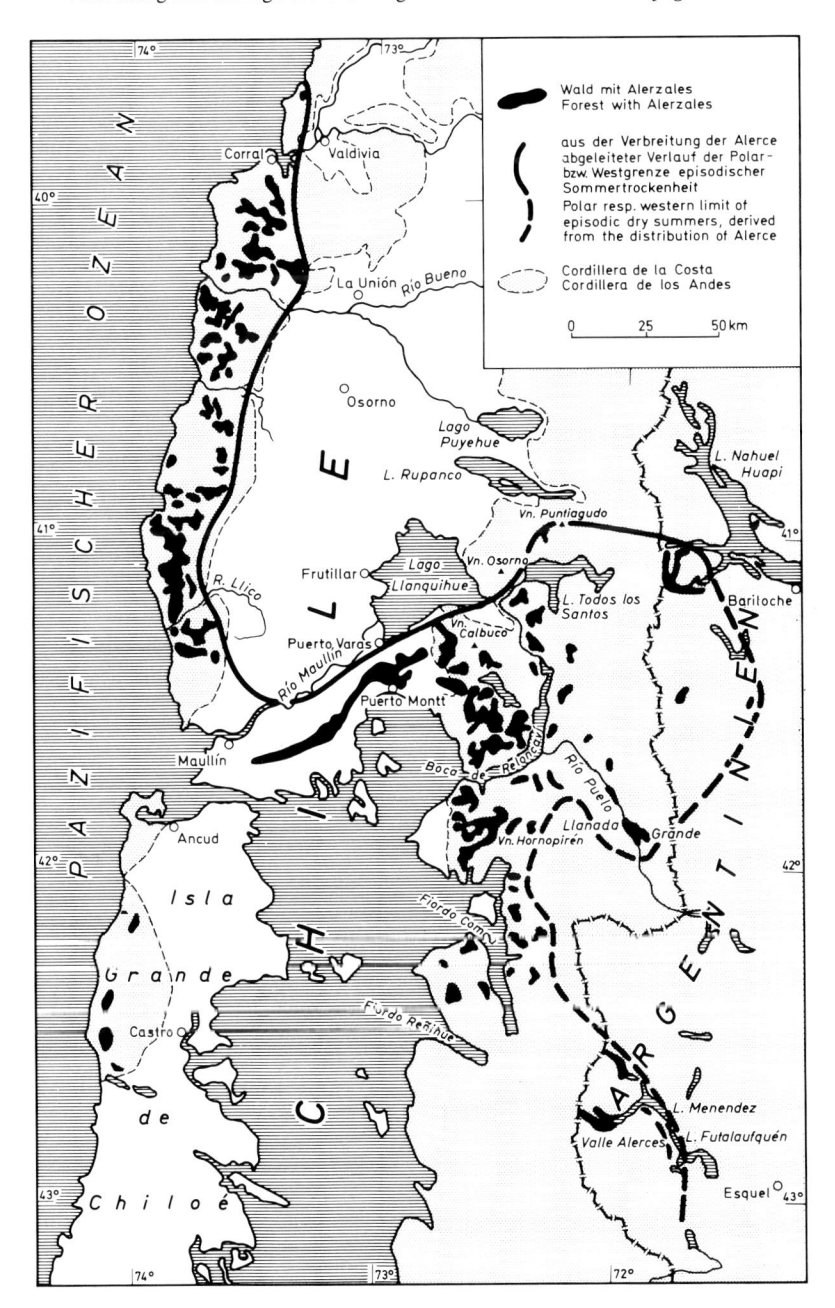

Fig. 6 Die Verbreitung der Alerce (*Fitzroya cupressoides*) und der aus ihr abgeleitete Verlauf der Polar- bzw. Westgrenze episodischer Sommertrockenheit (aus Golte 1974, ergänzt um zwei freundlicherweise von Prof. P. Seibert mitgeteilte Vorkommen in Argentinien).

zunehmender geographischer Breite sind die Erfahrungen der Landwirte. Im Raume Los Muermos – Las Quemas – Nueva Braunau westlich des Llanquihue-Sees bei ungefähr 41°20′ s. Br., von wo an das die zyklonalen Einflüsse in der Längssenke mildernde Küstenbergland fortfällt, reift der Weizen etwa 14 Tage später, als in der nur 100 km nördlich gelegenen Gegend von Osorno (40°31′ s. Br., vgl. Fig. 5), weshalb die Ernte sich häufig bis in die Zeit voll einsetzender Herbstregen verzögert (Golte 1973). Wenig südlich, bei 42° s. Br. auf Chiloé, ist bereits die Polargrenze des Weizenbaus erreicht.

Die Äquatorgrenze von *Nothofagus obliqua*

Während die Äquatorgrenze der Sommer-Lorbeerwälder in der Längssenke bei 38° s. Br. unverkennbar der dort verlaufenden Äquatorgrenze der Zone episodischer Sommertrockenheit folgt, dringt *N. obliqua* in höheren Lagen des Küstenberglandes und der Hochkordillere noch weiter nordwärts vor (Fig. 2). Das nördlichste Vorkommen befindet sich bei 33°10′ s. Br. am Cerro de la Campana (1930 m) östlich von Valparaiso (Photo 6), einer markanten, aus Gabbro bestehen-

Photo 6 *Nothofagus obliqua* var. *macrocarpa* im winterkahlen Zustand auf den südost- bis südexponierten Hängen des Cerro de la Campana (1930 m). Wichtige immergrüne Begleiter sind hier *Escallonia revoluta, Crinodendron patagua, Aristotelia chilensis*. Die Kontrastarmut der am frühen Nachmittag annähernd im Gegenlicht gemachten Aufnahme spiegelt die Strahlungsverhältnisse auf den von *Nothofagus obliqua* eingenommenen Hängen. Aufnahmestandort in etwa 1000 m Höhe. Ende August 1981

Verbreitung und ökologische Grundlagen der laubwerfenden *Nothofagus*-Arten   31

den Felspyramide, die zusammen mit dem wenig ostsüdöstlich gelegenen Granodioritstock des Cerro Roble (2222 m) das höchste Massiv (Macizo Roble-Campana) des mittelchilenischen Küstenberglandes bildet (vgl. Weber 1938). Es handelt sich hier um eine großfrüchtige Roble-Varietät (*N. obliqua* var. *macrocarpa*; vgl. Bernath 1940). Die dichten, aber ziemlich niedrigen Bestände des Roble (vgl. Reiche 1907) finden sich an beiden Bergen in 900–1900 m Höhe oberhalb der in tieferen Lagen vorherrschenden Hartlaubvegetation, bezeichnenderweise ausschließlich an Hängen, die nach S, vorwiegend SE exponiert sind (vgl. Quintanilla 1975), also nur ein Minimum der in dieser Breitenlage möglichen Einstrahlung erhalten. Genau entgegengesetzt verhält er sich an den Gebirgsstandorten in seinem südli-

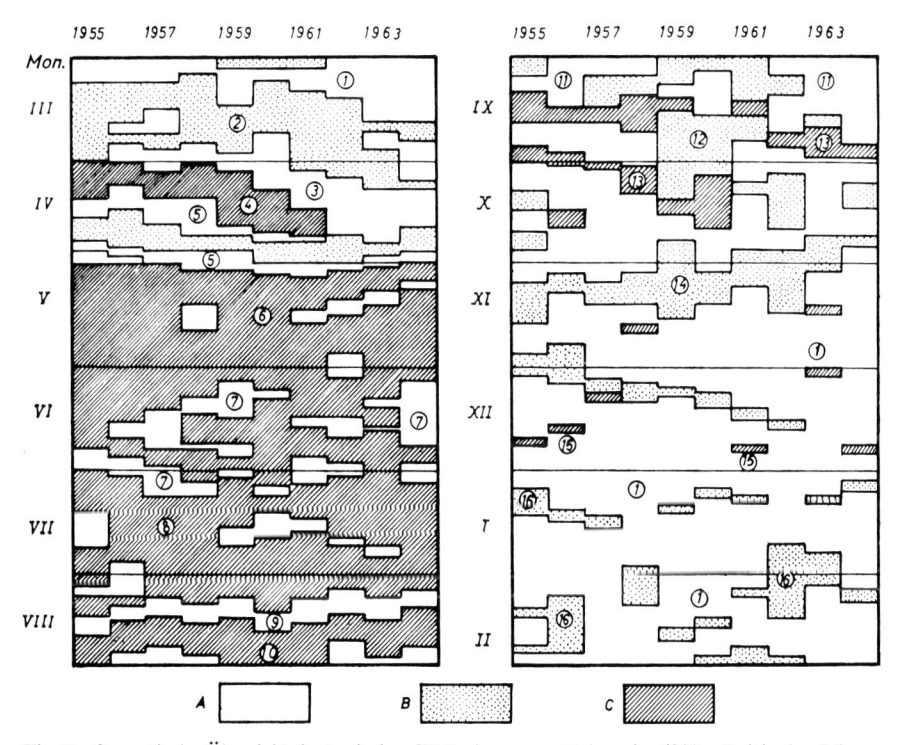

Fig. 7 Synoptische Übersicht der typischen Wetterlagen von Valparaiso (33° s. Br.) in den Jahren 1955–1964 (n. Caviedes 1969). Es bedeuten:
A gutes Wetter, wolkenlos,
B teilweise auftretende Nebel oder geschlossene Nebeldecke,
C schlechtes oder veränderliches Wetter.
Die im Sommerhalbjahr (Sept.–April) bei Valparaiso häufigen Küstennebel (Sign. B) sind für das 40 km binnenwärts gelegene Roble-Campana-Massiv ohne Bedeutung. Die in die Übersicht eingetragenen arabischen Zahlen beziehen sich auf eine hier nicht wiedergegebene Beschreibung der typischen Witterungsabschnitte.

chen Verbreitungsgebiet, wo er die besonders sonnige Nordexposition bevorzugt (Fig. 8).

Die Niederschläge am Macizo Roble-Campana dürften 1000 mm im Jahr überschreiten, während das an der Küste davor liegende Valparaiso nur 462 mm mittleren Jahresniederschlag erhält. Die Wetterlagenstatistik (Fig. 7) jedoch, die Caviedes (1969) für Valparaiso erarbeitet hat, ist durchaus auch repräsentativ für das 40 km binnenwärts gelegene Gebirgsmassiv. Wir sehen hier, daß der Sommer durch die Vorherrschaft des Subtropenhochs gekennzeichnet ist. Anfang April – während beim Roble der herbstliche Laubfall einsetzt – treten die ersten Störungen auf, und im Winter spielen mit Bewölkung und Niederschlägen verbundene Zyklonen und Fronten die Hauptrolle im Wettergeschehen. Am Roble-Campana-Massiv fällt in dieser Zeit Schnee, der beim Auftauen zur Auffüllung des Bodenwasser-Reservoirs beiträgt. In den Monaten September/Oktober – während der Roble sich neu belaubt – wechseln zyklonale und antizyklonale Witterung häufig einander ab, bis ab Ende Oktober wieder das Subtropenhoch vorherrscht. Das nördlichste Auftreten des Roble folgt also dem von H. & E. Walter (1953) formulierten Gesetz der relativen Standortskonstanz, wobei die bei den im Süden gelegenen Vorkommen etwas größere Bewölkungs- und Niederschlagshäufigkeit im Sommer durch die größere Meereshöhe und die S-Exposition kompensiert wird. Wenn *N. obliqua* nicht weiter nordwärts vordringt, dann deshalb, weil äquatorwärts 33° s. Br. über die periodische Sommertrockenheit hinaus auch die Winterniederschläge rasch zurückgehen und unsicher werden. Auch diese Tatsache wird durch die Arbeit von Chr. van Husen (1967) bestätigt, in der für die Längssenke 34° s. Br. als Äquatorgrenze regelmäßiger Winterregen festgestellt werden.

Weitere sommergrüne *Nothofagus*-Arten der Südanden

Wir haben uns bei dem Versuch einer ökologischen Begründung für das Auftreten sommergrüner Bäume im südlichen Andenraum bisher weitgehend auf *N. obliqua* (und zum Vergleich die immergrüne *N. Dombeyi*) konzentriert und dabei außer *N. alpina* keine der anderen dort heimischen sommergrünen Arten berücksichtigt. Es handelt sich um *N. alessandrii, N. glauca, N. leoni, N. pumilio* und *N. antarctica*. Es kann aber kein Zweifel darüber bestehen, daß auch deren streng periodisierter Laubwechsel als Anpassung sich nicht aus dem thermischen oder hygrischen Jahresgang allein, sondern erst aus einer je eigenen Interferenz beider erklärt. Dies geht schon daraus hervor, daß die Areale sämtlicher laubwerfenden Arten – ungeachtet der bei *N. pumilio* und *N. antarctica* bis Feuerland reichenden Verbreitung – sich in jenem schmalen Übergangsbereich aus der Westwindzone in die Subtropen zusammendrängen, in dem die jahreszeitlich alternierenden Einflüsse zyklonaler und antizyklonaler Witterung die hygrischen und thermischen Voraussetzungen für die

Überlegenheit einer auf das Sommerhalbjahr beschränkten Stoffproduktion schaffen.

Von den genannten Arten haben drei (*N. alessandrii, N. glauca, N. leoni*) eine sehr begrenzte Verbreitung in Küstenbergland bzw. Hochkordillere zwischen 35° und 36° s. Br. (Bernath 1940), also demjenigen Breitenabschnitt, in dem auch *N. obliqua* sich auf wenige günstig exponierte Standorte höherer Lagen beschränkt. Tatsächlich gedeihen diese drei Arten zumindest an einem Teil ihrer Standorte gemeinsam mit *N. obliqua*. Erhebliche Bedeutung in phylogenetischer Hinsicht kommt dabei der Tatsache zu, daß *N. alessandrii* morphologisch die primitivste heute lebende Spezies nicht nur unter den 8 laubwerfenden *Nothofagus*-Arten (sect. *Nothofagus*) – zu denen außer den südandinen Vertretern *N. gunnii* von Tasmanien gehört –, sondern der ganzen, auch etwa 28 immergrüne Arten (sect. *Calusparassus*) umfassenden Gattung ist (van Steenis 1971).

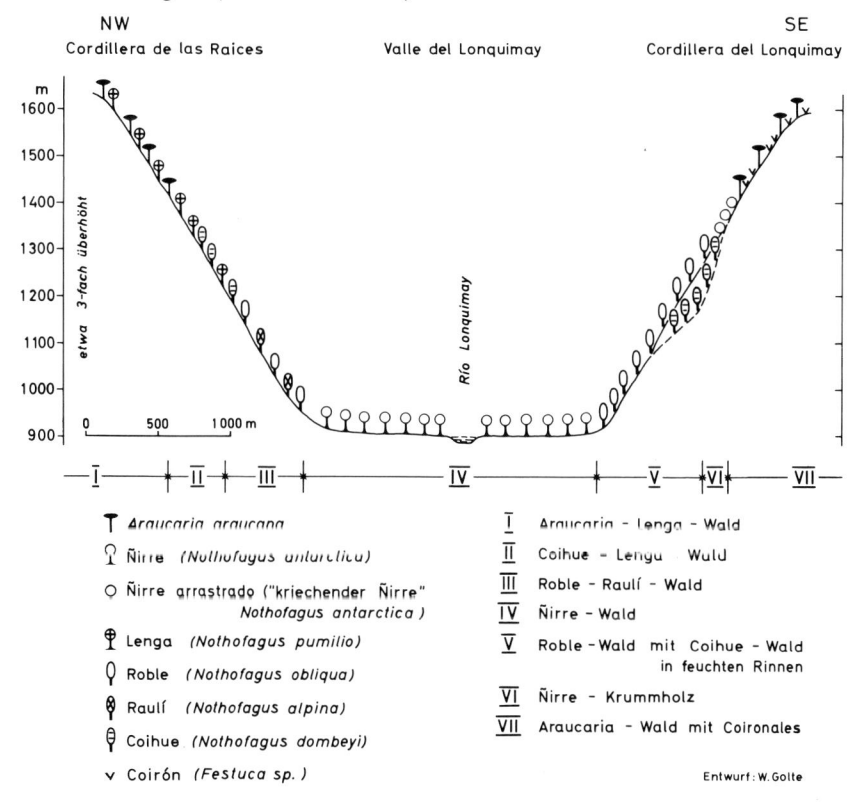

Fig. 8 Vegetationsprofil im Bereich des Lonquimay-Tals in der chilenischen Hochkordillere bei 38°30′ s. Br.

Rein verbreitungsmäßig haben die beiden kleinblättrigen sommergrünen Arten *N. pumilio* (lenga) und *N. antarctica* (ñirre) die größte Bedeutung, auf die im folgenden Kapitel ausführlich eingegangen wird. In dem bei etwa 38°30′ s. Br. in der Cordillera de los Andes aufgenommenen Profil Fig. 8 finden wir diese beiden, sowie *N. obliqua, N. alpina* und die immergrüne *N. Dombeyi* auf engstem Raum versammelt. Die darin zum Ausdruck kommende standörtliche Differenzierung der Arten bestätigt eindrucksvoll die Feststellung C. Trolls (1941), „daß die stärksten Gegensätze der Strahlungsexposition, also der Wirkung der Strahlung auf Sonn- und Schattenseiten der Berge, in den Subtropen" beider Halbkugeln vorkommen. Auch in der Cordillera de Nahuelbuta, d. h. dem zwischen 37° und 38°45′ s. Br. gelegenen, bis etwa 1400 m hohen Abschnitt des Küstenberglandes, sind jene fünf *Nothofagus*-Arten vertreten (vgl. Schulmeyer Malig 1978). Wie nahe im übrigen diese fünf Arten ökologisch einander stehen, ist daran zu erkennen, daß hier – ungeachtet der klein- wie großräumig sichtbaren standörtlichen Divergenz – in Übergangsbereichen jede von ihnen mit jeder anderen zusammen oder benachbart angetroffen werden kann.

Im Vergleich der sommergrünen Arten zeigt sich, daß *N. obliqua* – wie schon an ihrem weiten äquatorwärtigen Vordringen erkennbar – die höchsten Wärmeansprüche stellt und dabei vermöge ihres tiefreichenden Wurzelsystems auch eine relativ starke Austrocknung des Oberbodens verträgt. Ihr gegenüber bevorzugt *N. alpina* die etwas weniger warmen und strahlungsexponierten Standorte. Hier ist deshalb der Boden während der Tage und Perioden mit Strahlungswetter im Sommerhalbjahr auch geringerer Austrocknung ausgesetzt, wobei bereits die Speicherung des Winterniederschlages in Form von Schnee bis zum Beginn des Frühjahres eine gewisse Rolle spielt. Es ist daher verständlich, daß der Raulí nicht nur im Mittel etwas später seine Blätter austreibt und blüht (November), sondern auch größere Blätter besitzt, als der Roble.

Die subalpinen und subantarktischen Sommerwälder von *Nothofagus pumilio* und *Nothofagus antarctica*

Unübersehbar schließlich ist die Bedeutung der winterlichen Schneedecke bei *N. pumilio* und *N. antarctica*, die als Hauptbestandteile der subalpinen und subantarktischen sommergrünen Laubwälder (Fig. 1 u. 10) von etwa 36°30′ s. Br. in der Kordillere von Chillán (Reiche 1907; Berninger 1929) bis 55° s. Br. in Feuerland (Skottsberg 1916) vorkommen und dabei durchgehend (im Norden gemeinsam mit *Araucaria araucana*) die obere Wald- und Baumgrenze bilden. Diese sinkt – bei einer mittleren vertikalen Erstreckung des obersten Waldgürtels von etwa 400–500 m – auf dem rund 2000 km langen Abschnitt der Südanden von fast 2000 m im äußersten Norden bis auf 450 m in Feuerland, also um 1500 m ab.

Die Tatsache, daß die Areale von *N. pumilio* und *N. antarctica* hart am polwärtigen Rande der Subtropen in der chilenischen Hochkordillere ansetzen, zeigt, daß diese dort einem ähnlichen hygrischen Jahresgang mit regelmäßigen Winterniederschlägen und episodischer Sommertrockenheit (Fig. 9) angepaßt sind, wie er der Verbreitung von *N. obliqua* zugrunde liegt. Um etwa 38° s. Br. finden wir beide Arten auf den Höhen des Küstenberglandes ebenso wie in der Cordillera de los Andes (Fig. 8). Mit der polwärts zunehmendem Sommerfeuchtigkeit zieht sich der Gürtel dieses Sommerwaldes immer mehr auf die trockenere Ostseite der Kordillere zurück, so daß seine Leitart, *N. pumilio*, südlich von 41° s. Br. auf der chilenischen Seite, d. h. diesseits der Hauptklimascheide, nicht mehr vorkommt. In etwa 38° s. Br. setzt am Andenostrand auch das Gebiet der patagonischen Steppe in Form eines sich nach SE verbreiternden Keils an (Fig. 10). Noch weiter als die sommergrünen Bäume dringen im nördlichen Patagonien Coniferen (in 39°–40° s. Br. *Araucaria araucana*, in 40°–43°30' s. Br. *Austrocedrus chilensis*) im Grenzsaum des Waldes gegen die Steppe vor (Kalela 1941; Eriksen 1972; Dimitri 1972; Seibert 1979). Südlich von 43°30' s. Br. jedoch nimmt der schmale, wenn auch unterbrochene Streifen des subantarktischen sommergrünen Waldes auf der Andenostflanke allein die Übergangsstellung zwischen dem immergrünen Regenwald Westpatagoniens und der Steppe Ostpatagoniens ein (vgl. Skottsberg 1916; Brockmann-Jerosch 1919). Während gegen die Luvseite der patagonischen Kordillere ganzjährig das zyklonale Geschehen der südhemisphärischen Westwinddrift anbrandet und ihr ge-

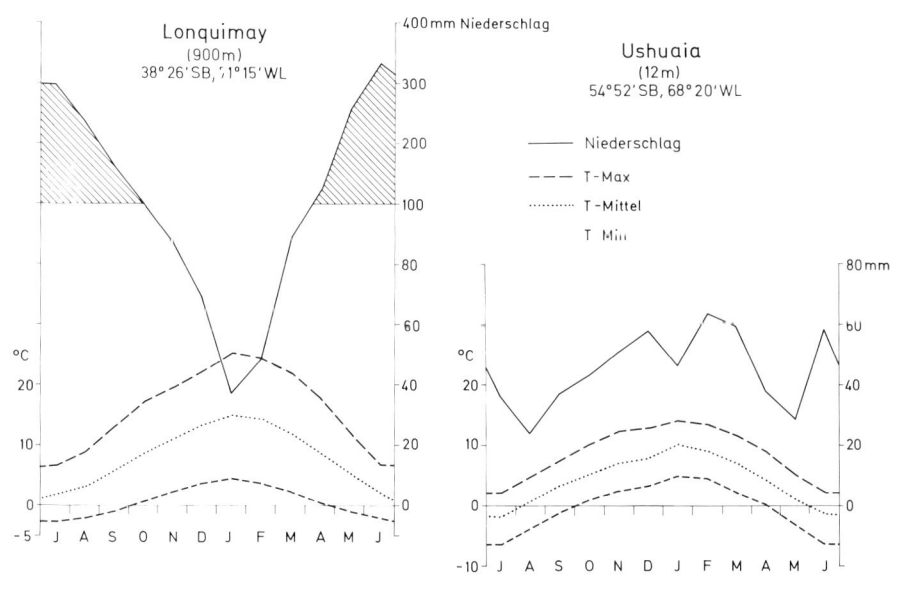

Fig. 9a und b Klimadiagramme von Lonquimay und Ushuaia.

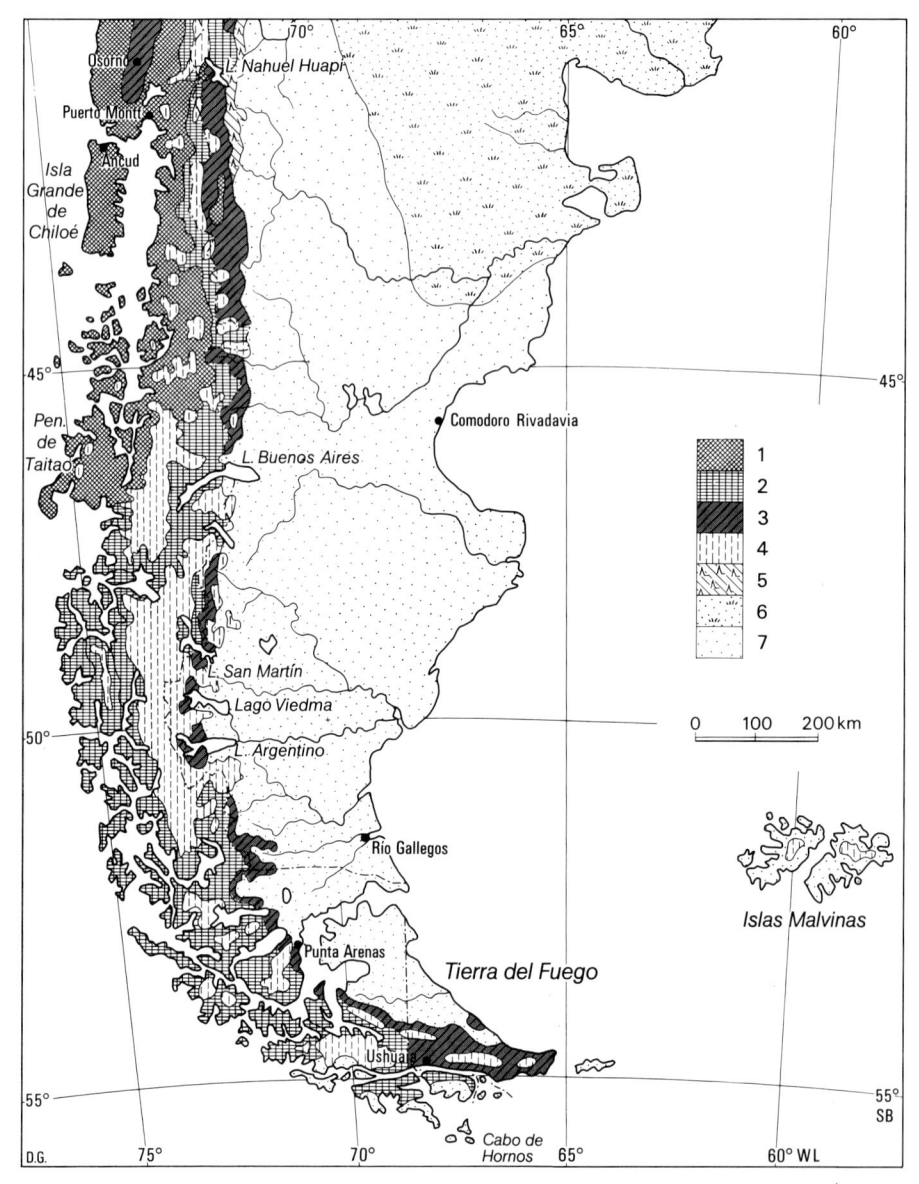

Fig. 10 Übersicht der Vegetationsformationen im südlichsten Südamerika (verändert n. Hueck & Seibert 1972):

1 = Valdivianischer immergrüner Regenwald
2 = Subantarktischer immergrüner Regenwald mit *Nothofagus Dombeyi* und *N. betuloides*
3 = Subantarktischer sommergrüner Wald mit *Nothofagus pumilio* und *N. antarctica* (in der südchilenischen Längssenke bei Osorno Sommer-Lorbeerwald mit *N. obliqua*)
4 = Andine Hochgebirgsvegetation, vegetationslose Hochgebirgsregion mit Gletschern und Schneefeldern
5 = Wald von *Austrocedrus chilensis* 6 = Monte-Strauchsteppe
7 = Gras- und Dornsteppe Ostpatagoniens (im südlichen Feuerland subantarktische Strauch- und Moosvegetation)

schlossene Bewölkung und hohe Niederschläge (2000–3000 mm) bringt, läßt über der Ostabdachung die Niederschlagsträchtigkeit der Luftmassen rasch nach, und die Wolken lösen sich auf. Schon etwa 40–60 km östlich vom meist wolkenverhangenen Hauptkamm des Gebirges herrschen hochgradig aride Verhältnisse, die nur noch eine Steppenvegetation zulassen. Die entlang der gesamten Ostflanke der Südkordillere zu beobachtenden Wolkenformen (Altocumulus lenticularis) zeigen, daß sich bei dem leewärtigen Rückgang von Bewölkung und Niederschlägen in höheren Luftschichten ein Föhnprozeß abspielt (Eriksen 1979).

Die ausgeprägte Wirkung der Südkordillere als Klimascheide hat also zur Folge, daß sich hier vom polwärtigen Rande der Subtropen über mehr als 15 Breitengrade bis Feuerland der schmale Streifen eines ökologisch relativ konstanten „Übergangsklimas" hinzieht. Bereits Brockmann-Jerosch (1919) hat – gestützt vor allem auf die Ergebnisse von Skottsberg (1916) – klar gesehen, daß es die „mittleren Klimaverhältnisse" sind, denen der sommergrüne Laubwald von *N. pumilio* und *N. antarctica* entlang dem Rückgrat des Kontinents seine zwischen dem immergrünen Lorbeerwald auf der pazifischen und der baumlosen Steppe auf der atlantischen Seite vermittelnde Stellung (Fig. 10) verdankt.

Innerhalb des von diesen beiden Arten gebildeten Gürtels nehmen die Niederschläge nicht nur von Westen nach Osten, sondern auch von Norden nach Süden ab. In der von ihnen eingenommenen Höhenstufe im Kleinen Süden Chiles betragen die Jahressummen zwischen etwa 2000 mm und über 5000 mm. Im Hochtal des Antillanca (Photos 7 u. 8) bei 40°47′ s. Br., wo in 1000–1300 m *N. pumilio* – teilweise in Gemeinschaft mit der immergrünen *N. betuloides* – gedeiht, wurden nicht weniger als 5633 mm Jahresniederschlag ermittelt (Veblen et alii 1977). In dieser Breite gehen die Niederschläge bis zu den am Rande der Steppe gelegenen, allerdings durch zusätzliches Bodenwasser (z. B. an Fluß- und Bachrändern) begünstigten Vorkommen von *N. antarctica* auf unter 1000 mm zurück (vgl. Eriksen 1970). Für den teilweise mit *N. betuloides* durchsetzten *Pumilio*-Wald in der Umrandung der westlichen Arme des Lago Argentino (ca. 50° s. Br.) – dessen östliche Hälfte in die Steppe hineinragt – werden 400–900 mm Jahresniederschlag angegeben (Pisano & Dimitri 1973). Die in Feuerland bei 54°48′ s. Br. im Bereich des *Pumilio*-Waldes gelegene Station Ushuaia (Fig. 9b) verzeichnet eine mittlere Jahressumme von 574 mm, das bei 53°10′ s. Br. in ehemaligem Waldgebiet von *N. pumilio* (vgl. Skottsberg 1916) unmittelbar am Rande der Steppe liegende Punta Arenas sogar nur 447 mm.

Die südpatagonischen und magellanischen Lenga-Wälder gedeihen also noch bei Niederschlagssummen, die weniger als ein Zehntel dessen betragen, was – als anderes Extrem – innerhalb des gleichen Waldtyps im Kleinen Süden Chiles erreicht werden kann. Das Gedeihen des Lenga-Waldes bei derart unterschiedlichen Nie-

Photo 7 Blick vom Hang des Vulkans Antillanca (chilenische Hochkordillere bei 40°47' s. Br.) Richtung Westen in das gleichnamige Hochtal mit einem Mischwald aus *Nothofagus pumilio* (winterkahl) und *N. betuloides* (immergrün). In diesem Hochtal wurde von Veblen und Mitarbeitern (1977) als Mittel zweier Jahre eine jährliche Niederschlagsmenge von 5633 mm gemessen.   Mai 1969

derschlagsmengen ist umso bemerkenswerter, als andererseits gerade seine „kolossale Einförmigkeit" (Skottsberg 1916) innerhalb des gesamten Verbreitungsgebietes gerühmt wird. Von der Kordillere von Chillán bis Feuerland bleibt er über 2000 km derselbe; überall begleiten dieselben Sträucher, Kräuter und Kryptogamen diese Südbuche.

Die ökologische Begründung dafür, daß der subantarktische sommergrüne Wald polwärts mit immer geringeren Niederschlagssummen auskommt, ist zum einen in der generellen Abnahme der Strahlungsintensität und damit der für die Verdunstung zur Verfügung stehenden Energie zu suchen, zum anderen darin, daß mit der Verringerung eine jahreszeitliche Verschiebung der Niederschläge zugunsten des Sommers einhergeht (Fig. 9). Wenn auch etwa in Ushuaia die Niederschläge annähernd gleichmäßig über das Jahr verteilt sind, und sich hier sogar ein Übergewicht im Sommer ergibt, bleibt wegen der in dieser Jahreszeit wesentlich höheren Verdunstung dennoch eine klare hygrische Periodizität erhalten.

Im Gegensatz zu der fast ständig bewölkten Luvseite der Südkordillere ist die Bewölkung innerhalb des Sommerwaldgürtels während eines großen Teils des Jahres gebrochen. Daher sind hier auch die täglichen Schwankungen der Temperatur größer (Fig. 9). Frost ist ganzjährig möglich, wobei besonders das Frühjahr sich durch

Verbreitung und ökologische Grundlagen der laubwerfenden *Nothofagus*-Arten 39

Photo 8   Wald von *Nothofagus pumilio* im Winterschnee. Im Hintergrund immergrüner *N. betuloides*-Wald. *N. pumilio* ist dicht mit Flechtenbärten von *Usnea* behangen. Im Unterwuchs ist ein Bambusgewächs (*Chusquea tenuiflora*) zu sehen. Hochtal am Antillanca, Chile, bei 1000 m. Vgl. Photo 7. Oktober 1975

große Frostwechselhäufigkeit auszeichnet. Auch die Jahresschwankungen der Temperatur (9–16 °C) in den patagonischen und magellanischen Sommerwäldern liegen über denjenigen der Luvseite (< 9 °C) und entsprechen etwa denen des ozeanischen Westeuropa.

Die häufigen jähen Wechsel von feuchter und trockener, strahlungsreicher Witterung, gepaart mit den durch relativ hohe Tagesschwankungen und Nachtfröste gekennzeichneten Temperaturverhältnissen müssen auch die Ursache dafür sein, daß Äste und Stämme in den Lenga- und Ñirre-Wäldern auffallend dicht mit Bartflechten der Gattung *Usnea* (z. B. *U. sulphurea*) behangen sind (Photos 8–10). Gerade die südandinen *Nothofagus*-Wälder stellen das artenreichste Entfaltungsgebiet dieser – im Ursprung zweifellos südhemisphärischen – Flechtengattung auf der Erde dar (vgl. Gams 1960).

Die in dem Gürtel der patagonischen und magellanischen sommergrünen Wälder dominierende Baumart ist *N. pumilio* (Skottsberg 1916; Kalela 1941). Abweichend von ihrem Artnamen kann sie durchaus stattliche, hochstämmige Wälder bilden (Photo 9), namentlich in geschützten Lagen der transandinen Täler. Hier erreicht sie bis zu 1 m BHD und über 20 m Höhe. In den oberen Gebirgslagen jedoch

Photo 9   Hochstämmiger Lenga-Wald (*Nothofagus pumilio*) im Gebiet des Lago Pollux (45°40′ s. Br.) südöstlich von Coyhaique, Prov. Aysén, Chile, bei 640 m. Die Stämme sind mit Flechtenbärten von *Usnea* behangen.   Februar 1973

wird sie nicht höher als 10 m und an der Waldgrenze bildet sie – zusammen mit *N. antarctica* – einen Krummholzgürtel. Innerhalb ihres gesamten Verbreitungsgebietes ist die Lenga an gut drainierte, schneereiche Standorte gebunden.

Die Bedeutung der regelmäßigen Schneebedeckung für den von *N. pumilio* beherrschten obersten Waldgürtel (Photo 8) zeigt sich am besten, wenn man im zeitigen Frühjahr (September/Oktober) aus der südchilenischen Längssenke in die höheren Lagen am Westabfall der Anden aufsteigt. Aus dem Sommer-Lorbeerwald tieferer Lagen gelangt man dabei in den zunächst sehr artenreichen, immergrünen Wald der unteren montanen Stufe, in dem mit nach oben hin abnehmendem Artenreichtum *N. Dombeyi* (ab 40°47′ s. Br. auch *N. betuloides*) immer stärker an Bedeutung gewinnt und weithin zum vorherrschenden Waldbaum wird. In den höheren Teilen dieses immergrünen Bergwaldes stellt sich eine zunächst dünne und nasse Schneedecke ein, die aufwärts an Mächtigkeit zunimmt und schließlich dort, wo statt des immergrünen Coihue die Lenga – teilweise zusammen mit *Araucaria araucana* – das Bild des Waldes bestimmt, das Weiterkommen erschwert oder unmöglich macht.

Bereits O. Berninger (1929) war nach seinen Beobachtungen in der Kordillere von Chillán zu der Feststellung gelangt, daß die Grenze zwischen dem lorbeerblättrigen subandinen Wald und dem andinen Gürtel von *N. pumilio* in der Höhe liegt, „in der gerade noch in der Regel jährlich für einige Zeit Schnee liegt." Diese Feststellung wird durch die Ergebnisse von Veblen und Mitarbeitern (1977 u. 1979) bestätigt, die an sechs ausgewählten Stellen zwischen 39°46′ und 52°31′ s. Br. der Differenzierung des Unterwuchses gerade in jenem schmalen Übergangssaum nachgegangen sind, in dem die sommergrüne *N. pumilio* mit ihrem immergrünen Schwestern *N. betuloides* und *N. Dombeyi* Mischbestände bildet. Von 37°30′ bis fast 41° s. Br. handelt es sich um *N. Dombeyi-N. pumilio*-Mischwälder, deren mittlere Höhenlage – bei einer vertikalen Amplitude von selten mehr als 150 m – von 1400 m im Norden auf etwa 1000 m südlich des 40. Breitengrades absinkt. Von 40°47′ s. Br., wo *N. betuloides* im Antillanca-Gebiet in 1000 m Höhe erstmalig auftritt, bis nach Magallanes (Pisano 1973) vermittelt der *N. betuloides-N. pumilio*-Mischtyp den Übergang vom Regenwald zum Sommerwald.

Veblen und Mitarbeiter konnten nachweisen, daß die in diesen Mischtypen zwischen dem Unterwuchs der immergrünen und der sommergrünen Komponente auftretenden Unterschiede vor allem darauf zurückzuführen sind, daß die Schneedecke unter den immergrünen *Nothofagus*-Arten weniger mächtig ist und im Frühjahr eher verschwindet. Daraus resultiert für den Unterwuchs der immergrünen Arten eine längere Vegetationsperiode, während der Vorteil günstigerer Lichtverhältnisse unter den winterkahlen Bäumen wegen der Schneedecke sich nicht auswirken kann. Umgekehrt reduziert *N. pumilio* im belaubten Zustand den Lichteinfall auf den Waldboden sogar etwas stärker als ihre immergrünen Schwestern. Diese Unterschiede führen dazu, daß der im Unterstand jener Mischwälder dominierende Bambus (*Chusquea tenuiflora*, Photo 8) unter den immergrünen Bäumen entschieden häufiger und wüchsiger ist, als unter den sommergrünen. Bei abnehmender Schneelast können die geraden, elastischen Schäfte dieses Bambus rasch eine aufrechte Stellung einnehmen und dadurch den Vorteil der längeren Vegetationsperiode nutzen.

Innerhalb des Lenga-Gürtels variieren Mächtigkeit und Dauer der Schneedecke nicht nur nach Höhenlage, Exposition und Geländeform, sondern auch in Abhängigkeit von der Breitenlage. Am mächtigsten und längsten ist die Schneebedeckung in der nördlichen Hälfte dieses Gürtels. Sie erreicht hier über 2 m Mächtigkeit. Eine Dauerschneedecke bildet sich gewöhnlich im Mai aus und hält sich bis Anfang November, vielfach aber auch bis in den Dezember hinein. In den höchsten Lagen (1300 m) des Lenga-Waldes im Antillanca-Tal wurde sogar im Januar noch Schnee angetroffen (Veblen et alii 1977). In den Lenga-Beständen der argentinischen Nationalparks Lanín und Nahuelhuapi stellte Eskuche (1973) Ende Oktober/Anfang November noch eine Schneedecke von 50–180 cm fest. Er konnte zeigen, daß die typische Krummholzform, die – ähnlich den Legföhren- und Grünerlengebüschen Europas – *N. pumilio* in den höchsten Lagen annimmt (lenga achaparrada), durch den Zug der sackenden Schneedecke an den Ästen zustandekommt. Auch den Hakenwuchs (Krümmung der Stammbasis hangabwärts) vieler Lenga-Stämme in der Nähe der oberen Waldgrenze führt er auf diesen Vorgang zurück.

Wenn nun der immergrüne Lorbeerwald von *N. Dombeyi* oder *N. betuloides* dort in den von *N. pumilio* gebildeten Sommerwald übergeht, wo sich im Winter regelmäßig eine mehr oder weniger mächtige Dauerschneedecke ausbildet, so trägt diese unter den gegebenen jahreszeitlichen Schwankungen von Temperatur und Niederschlag offensichtlich entscheidend zur Überlegenheit der streng periodisierten Vegetationstätigkeit bei. Dies geschieht einerseits dadurch, daß ein großer Teil der Winterniederschläge in Form von Schnee „festgelegt" und über die Feldkapazität des Bodens hinaus bis an die Schwelle der Wachstumszeit gespeichert wird. Die Schneedecke ist also hygrisch als „Guthaben" aufzufassen. Andererseits wird dadurch, daß sich Strahlungs- und Wärmebilanz über einer Schneedecke bedeutend verschlechtern, der thermische Gegensatz von Sommer und Winter verschärft. Wenn auch durch die isolierende Wirkung der Schneedecke eine Gefrornis des Bodens verhindert wird, so stellt diese doch thermisch eine Art „Schuldkonto" dar, das sich während des Winters anhäuft und im Frühjahr – wie durch Messungen unter den klimatisch ähnlichen Bedingungen des Schwarzwaldes belegt werden konnte (Köhn 1948) – die Erwärmung des Bodens verzögert. Durch die Schneedecke wird also im Frühjahr der Anstieg von Luft- und Bodentemperatur retardiert.

Die Laubentfaltung vollzieht sich bei *N. pumilio* zwischen Mitte Oktober und Ende November, und zwar in deutlichem Zusammenhang mit dem Verschwinden der Schneedecke (vgl. Skottsberg 1916; Eskuche 1973; Veblen et alii 1977). Die herbstliche Verfärbung des Laubes tritt zwischen Mitte März und Mitte April ein, also unmittelbar vor dem Einsetzen der Schneefälle.

Wenn auch das Areal von *N. antarctica* in seiner meridionalen Erstreckung weitgehend mit demjenigen von *N. pumilio* übereinstimmt, bestehen doch deutliche Unterschiede im standörtlichen Verhalten beider Arten. Als kleinste der südandinen *Nothofagus*-Arten bildet der Ñirre meist nur niedrige (0,5–6 m) und buschartige Bestände (Photo 10). Hochstämmige Wälder, wie sie bei der Lenga vorkommen, fehlen vollkommen. Berücksichtigt man außerdem die winzigen, fein gezähnten, leicht glänzenden und relativ derben Blättchen sowie deren späten Entfaltungstermin (Ende Oktober/November), dann drängt sich bereits angesichts der Wuchs- und Lebensform der Schluß auf, daß es Grenzbedingungen des Baumwuchses überhaupt sind, unter denen diese sommergrüne Art gedeiht. Tatsächlich finden wir die Ñirre-Bestände stets am Rande oder in Enklaven der eigentlichen Waldzone, eine Tatsache, die Kalela (1941; ähnlich Seibert 1979) zu der Auffassung gelangen ließ, *N. antarctica* sei die „Bettlerin unter den dortigen Holzarten, die sich mit den Standorten begnügen muß, die von den anderen Holzarten nicht benutzt werden können". Eine solche negative Kennzeichnung freilich enthebt uns nicht der Aufgabe, nach gemeinsamen Merkmalen der auf den ersten Blick recht verschiedenartigen Ñirre-Standorte zu suchen und diese damit positiv ökologisch zu begründen.

Die Ñirre-Standorte lassen sich zwei verschiedenen Typen zuordnen (vgl. Skottsberg 1916; Berninger 1929; Kalela 1941; Hueck 1966; Eskuche 1969 u. 1973; Seibert 1979), die z. B. auch in dem Profil Fig. 8 vertreten sind.

Typ 1 umfaßt zunächst diejenigen Vorkommen, in denen *N. antarctica* an oder in der Nähe der oberen Waldgrenze, so auch häufig am oberen Rand der Lenga-Wäl-

Photo 10   Dichter Bestand von Ñirre (*Nothofagus antarctica*) mit Behang von Bartflechten (*Usnea*) und aufsitzenden Halbschmarotzern der Gattung *Myzodendron* (z. B. halblinks oben). Im Vordergrund links der Mitte junge *Araucaria araucana*. Piedra del Aguila (37°50' s. Br.) in der Cordillera de Nahuelbuta, Chile, bei 1250 m.   Oktober 1974

der, sehr niedrige Krummholzbestände (ñirre achaparrado, ñ. arrastrado) bildet. Wenn auch die Lenga hier eine ähnliche Wuchsform annimmt, und beide Arten nebeneinander auftreten, kommt es doch nicht zu echten Mischbeständen. Eskuche (1969 u. 1973) stellt fest, daß das Ñirre-Krummholz die schneeärmeren, frühzeitig ausapernden und daher auch stärker austrocknenden Standorte bevorzugt. Bezeichnend für die geringere Schneemächtigkeit und das frühere Ausapern des Ñirre-Knieholzes ist, daß seine Äste ebenso wie im Ñirre- und Lenga-Wald, aber im Gegensatz zum Lenga-Knieholz gewöhnlich mit den Halbschmarotzern der Gattung *Myzodendron* (Photo 10) besetzt sind. Bei dem frühzeitigen Ausapern spielt, wie auch der Fig. 8 zu entnehmen ist, die Sonnenexposition eine entscheidende Rolle. Auch das hochgelegene Krummholz von *N. antarctica* wird in der Regel im Oktober schneefrei. Umso auffallender ist, daß bei ihm die Entfaltung der Knospen (Ende Oktober/Anfang November) erheblich später einsetzt, als in den angrenzenden, noch nicht völlig schneefreien Lenga-Beständen (vgl. Eskuche 1973). Dem Typ 1 der Ñirre-Standorte können wir mit Seibert (1979) auch die am unteren Rand des ostandinen Lenga-Gürtels im Übergangsbereich zur Steppe gelegenen Vorkommen zurechnen, in denen Mächtigkeit und Dauer der winterlichen Schneedecke in ähnlicher Weise eingeschränkt sind, wie bei den vorgenannten Beständen des subalpinen Krummholzgürtels.

Der Typ 2 von Ñirre-Standorten findet sich vorwiegend in Tallagen (Fig. 8), aber auch auf anderen Ebenheiten, wie Mulden, Hangverflachungen, Terrassen und fluvioglazialen Schotterflächen. Nach Kalela (1941) ist *N. antarctica* in der noch relativ niederschlagsreichen Übergangszone der Südkordillere sehr selten, und wird mit abnehmenden Niederschlägen immer häufiger, zumal auf den grundwassernahen Talstandorten. In Form schmaler Galeriebestände dringt sie entlang von Flüssen und Bächen auch am weitesten gegen die Steppe vor. Unter ganz entsprechenden Bedingungen tritt der Ñirre im episodisch sommertrockenen Kleinen Süden Chiles inmitten der üppigen Wälder in lichten, heideartigen Formationen verschiedener Höhenlagen auf, die unter Bezeichnungen wie "ñadis", „zarzales" oder „prados" bekannt sind (vgl. Berninger 1929).

An allen derartigen Standorten spielen offenbar vor allem zwei Faktoren in wechselnder Kombination eine Rolle. Zum einen weisen sie einen im Jahresgang sehr unausgeglichenen Wasserhaushalt auf. Es handelt sich in der Regel um feinkörnige bzw. flachgründige Böden, die im Winter und bis ins Frühjahr hinein wegen hochstehenden Grundwassers und/oder eines stauenden Horizontes wasserübersättigt und luftarm sind, im Sommer aber stark austrocknen. In höheren Lagen geht die Entwicklung dieser gley- und pseudogley-ähnlichen Böden bis hin zu anmoorigen Formen, die in Chile und Argentinien als „mallines" bezeichnet werden (vgl. Kalela 1941; Eskuche 1973; Seibert 1979). In relativ niederschlagsreichen Gebieten bilden sich echte Torfmoore, deren Ränder von zwergwüchsigen Ñirres bestanden sind. In einzelnen Exemplaren gedeiht die Art hier sogar auf den Bülten.

Der zweite auf den Standorten des Typs 2 in mehr oder weniger hohem Maße wirksame Faktor ist eine erhöhte Frost- bzw. Frostwechselhäufigkeit. Auf Talsohlen, muldenartigen Vertiefungen und Ebenheiten aller Art kommt es leicht zu Ansammlungen von Kaltluft. Eskuche (1973) macht auf Ñirre-Wälder in Mulden tieferer Lagen aufmerksam, die weniger exzessiver Bodennässe, als stagnierender Kaltluft ausgesetzt sind. Die in geringer Meereshöhe in der südchilenischen Längssenke gelegenen Ñadis, zu deren hauptsächlichen Holzarten *N. antarctica* gehört, sind als weithin ebene, flachgründige Standorte nicht nur einem extremen jahreszeitlichen Wechsel von Vernässung und Dürre unterworfen (vgl. Berninger 1929), sondern auch in erhöhtem Maße frostgefährdet (Golte 1973). Die Nachtfröste werden vor allem im Frühjahr (Sept.–Nov.) bei Strahlungswetter ökologisch wirksam, wenn tagsüber die steigende Sonne die Maximaltemperaturen bereits kräftig anzuheben und den Boden auszutrocknen beginnt. Die im Lonquimay-Tal (Fig. 8) gelegene gleichnamige Station (Fig. 9a) zeigt derartige Verhältnisse.

Alles deutet darauf hin, daß die in der subalpinen Krummholzregion gelegenen Ñirre-Bestände des Typs 1 im Sinne relativer Standortskonstanz ähnlichen Bedingungen ausgesetzt sind. Die hier bei ungehinderter täglicher Ein- und nächtlicher Ausstrahlung auftretenden Temperaturextreme werden in dem Augenblick voll wirksam, wenn der Boden schneefrei wird (vgl. hierzu den „ñirre arrastrado" auf dem sonnenexponierten Hang des Lonquimay-Tals, Fig. 8). Ohnehin sind die der vereinfachten Darstellung halber unterschiedenen beiden Standortstypen in der Natur nicht streng zu trennen. Aufgrund seiner Erfahrungen bei El Bolsón etwa hebt Seibert (1979) hervor, daß das Ñirre-Krummholz mehr noch als in der Kampfzone am oberen Rand des Waldes auf Verflachungen am Mittelhang verbreitet ist.

Offensichtlich interferieren auch an den Standorten von *N. antarctica* die jahreszeitlichen Schwankungen von Temperatur und Feuchtigkeit in einer Weise, die den streng periodischen Laubwechsel begünstigt. Von *N. pumilio* unterscheidet sich diese Art durch ihre um ca. einen halben Monat kürzere, aber auch durch weniger günstige Synthesebedingungen gekennzeichnete Vegetationszeit. Für die Verkürzung der Vegetationsdauer dürften noch im Frühjahr auftretende exzessive Bodennässe und/oder extreme tageszeitliche Temperaturschwankungen mit häufigen Spätfrösten verantwortlich sein. Mit der Art ihrer Belaubung und ihrer Kleinwüchsigkeit sind *N. antarctica*-Bestände auf eine – im Vergleich zu *N. pumilio* – knappere Wasserversorgung während der Vegetationsperiode eingestellt (vgl. Kubitzki 1964). Dies steht im Einklang mit der Tatsache, daß ihre Standorte im Sommer relativ stark austrocknen. Die Art vermag deshalb am weitesten gegen die Steppe vorzudringen und im Gebirge auf besonders sonnenexponierten Plätzen zu wachsen. An den Standorten des Typs 2 ergibt sich die knappe Wasserversorgung im Sommer schon daraus, daß *N. antarctica* wegen des jahreszeitlich hohen Grundwasserstandes zur Flachwurzeligkeit gezwungen ist. Wie bei *N. Dombeyi* zeigt sich auch hier die große Bedeutung einer ausreichenden Belüftung des Wurzelsystems.

Wir gehen im übrigen sicher nicht fehl in der Annahme, daß durch die typischen Standortsmerkmale bei *N. antarctica* (Vernässung und mangelhafte Belüftung des Bodens einerseits und starke Austrocknung andererseits, aber auch die starken Temperaturschwankungen) auch besonders ungünstige Voraussetzungen für Entfaltung und Aktivität von Bodenorganismen gegeben sind. Daher dürfte hier der Stickstoff ein ausgesprochener Minimumfaktor sein und weitgehend das Ausmaß der Entwicklung bestimmen. Es sei deshalb die Vermutung ausgesprochen, daß die Antwort auf die von Eskuche (1969) gestellte „interessante Frage, welche Standortseigenschaften dafür verantwortlich sind, daß *Nothofagus antarctica* regelrechte, wenn auch niedrige Wälder bildet, auf anderen Standorten aber krüppelwüchsige ‚Chaparrales' zeitigt", vor allem im Stickstoffhaushalt zu suchen ist. Wenn Eskuche etwa im Gebiet des Lago Mascardi beobachten konnte, daß in 1100 m Ñirre-Chaparral eine weite, längere Zeit stark vernäßte Mulde auskleidet, die darüberliegenden, gut drainierten Hänge aber normal entwickelten Lenga-Wald tragen, so liegt der Gedanke nahe, daß bei den Chaparrales eine für die Stickstoffbindung besonders ungünstige Faktorenkombination vorliegt.

Zum Abschluß dieses Kapitels sei vergleichend auf *Araucaria araucana* (Photo 10) hingewiesen, die in jenem schmalen Übergangsbereich zwischen der subtropischen Hochdruck- und der außertropischen Westwindzone, in dem die laubwerfenden *Nothofagus*-Arten ihre Hauptverbreitung haben, gemeinsam mit *N. pumilio* und *N. antarctica* den obersten Waldgürtel bildet (ca. 37°20'–40° s. Br.). Ebenso wie vor allem bei der Lenga, spielt bei dieser Conifere die Speicherung der Winterniederschläge in der erst im späten Frühjahr bzw. im Frühsommer gänzlich verschwindenden Schneedecke eine ausschlaggebende Rolle. Die damit verbundene jahreszeitliche Annäherung des Optimums der Bodenfeuchte an das thermische Optimum führt auch bei ihr zu günstigen sommerlichen Wachstumsbedingungen. Dadurch wiederum ergibt sich eine weitgehende ökologische Übereinstimmung mit ihrer südbrasilianischen Schwester, *Araucaria angustifolia*, die dort, im Übergangsbereich von den Subtropen in die Tropen, unter nur scheinbar entgegengesetzten Bedingungen, nämlich einem Niederschlagsmaximum im Sommer und „episodischer Wintertrockenheit", gedeiht (Golte 1978).

Zusammenfassung und Schlußfolgerungen

Die Analyse von Verbreitung und Standortsmerkmalen der sieben in den südlichen Anden heimischen sommergrünen *Nothofagus*-Arten hat ergeben, daß bei ihnen übereinstimmend die strenge Periodisierung des Laubwechsels eine Anpassung nicht an thermische oder hygrische Jahreszeiten allein, sondern an eine je eigene Interferenz beider darstellt. Erst das Ineinandergreifen von thermischen *und* hygrischen Jahresschwankungen schafft die Voraussetzungen für ihr Gedeihen. Diese doppelte Anpassung beruht auf zwei entscheidenden Vorteilen, die der periodische Laubwechsel mit eingeschalteter Ruhezeit unter bestimmten Voraussetzungen bietet.

1. Das kurzlebige Blatt sommergrüner Bäume weist eine höhere Produktivität, d. h. ein günstigeres Verhältnis von Substanzaufwand und -ertrag auf, als das Blatt sog. immergrüner Holzarten.
2. Durch den herbstlichen Laubwurf, der ein vital gesteuerter Vorgang und nicht etwa ein bloßes Absterben der Blätter ist (vgl. Kisser 1976), wird der Wasserverbrauch des Baumes drastisch reduziert.

Die Verbindung dieser beiden Vorteile ermöglicht es den sommergrünen Bäumen, die günstigeren Synthesebedingungen des Sommerhalbjahres so zu nutzen, daß ein Stoffgewinn erzielt wird, der unter gleichen Bedingungen von immergrünen Bäumen nicht erzielt werden könnte.

Voraussetzung für eine in diesem Sinne lohnende jahreszeitliche Beschränkung der Stoffproduktion ist einerseits eine entsprechende thermische Gunst des Sommers bzw. Sommerhalbjahres. Dafür ist, wie schon die große Vertikalverbreitung der sommergrünen Arten zeigt, zunächst weniger eine bestimmte absolute Höhe der Sommertemperaturen, als vielmehr eine ausreichende Jahresamplitude entscheidend, deren Mindesthöhe etwa 8 °C beträgt. Darin kommt die für alle chemischen Reaktionen grundlegende Bedeutung der van't Hoffschen Regel zum Ausdruck, die besagt, daß eine Temperaturerhöhung um 10 °C eine Verdoppelung der Reaktionsgeschwindigkeit bewirkt.

Für das Zustandekommen der geeigneten Temperaturverhältnisse spielen im Verbreitungsgebiet der laubwerfenden *Nothofagus*-Arten Häufigkeit und Dauer der in das Bewölkung und Niederschlag bringende zyklonale Wettergeschehen eingeschalteten Abschnitte mit Strahlungswitterung die Hauptrolle (vgl. Weischet 1968 u. 1978). Derartige, mit ungehinderter Ein- und Ausstrahlung und also relativ hohen thermischen Tagesschwankungen verbundene Witterungsabschnitte wirken sich im Sommer als Wärme-, im Winter als Kälteperioden aus. Für die Stoffproduktion im Sommer sind hohe Tagesschwankungen zudem insofern günstig, als dabei die Assimilationsleistungen bei Tage gesteigert, die nächtlichen Atmungsverluste aber verringert werden. Die Frage, welche Rolle in diesem Zusammenhang die Lichtintensitäten spielen, muß hier offengelassen werden.

Die optimale Ausnutzung der günstigen thermischen Synthesebedingungen im Sommerhalbjahr wird dem tropophilen Baum andererseits aber erst dadurch möglich, daß gleichzeitig – wegen der mit dem Laubwurf verbundenen Herabsetzung des Wasserbedarfs – die im Boden zur Verfügung stehende Wassermenge bis zum Herbst weitgehend ausgeschöpft werden kann. Da im Verbreitungsgebiet der sommergrünen *Nothofagus*-Arten in den Südanden klimatisch der Sommer die trockenere und der Winter die feuchtere Jahreszeit ist, stammt das während der Vegetationsperiode verbrauchte Wasser größtenteils aus dem während der Ruhezeit im – oder in Form von Schnee auf dem – Boden gespeicherten Wasservorrat. Die dem Laubwurf unmittelbar vorausgehenden Alterungs- und Abbauprozesse im Blatt vollziehen sich in der Zeit des Jahres, in der nicht nur die thermischen Bedingungen der Photosynthese sich rasch verschlechtern, sondern auch der Bodenwassergehalt – unter Mitwirkung der Bäume – auf seinem Tiefpunkt angelangt ist. Offensichtlich hängt mit der möglichst weitgehenden Ausnutzung des Bodenwassers durch sommergrüne Laubhölzer die Tatsache zusammen, daß deren spezifische Leitfähigkeiten im Mittel über denjenigen immergrüner Holzarten liegen (Huber 1956).

Wegen der für ihr Gedeihen erforderlichen Interferenz thermischer und hygrischer Jahresschwankungen liegt das Hauptverbreitungsgebiet der sommergrünen *Nothofagus*-Arten am polwärtigen Rand der Subtropen im Übergang zur Westwindzone, wo subtropisch-antizyklonale und außertropisch-zyklonale Witterungsabschnitte mit jahreszeitlich unterschiedlichen Häufigkeiten alternieren. Während polwärts von etwa 41° s. Br. am Westabfall der Anden wegen der ganzjährig dominierenden zyklonalen Einflüsse weder die thermischen noch die hygrischen Voraussetzungen für das Wachstum sommergrüner Bäume zustandekommen, zieht sich aufgrund des scharfen Luv-Lee-Effektes auf der Ostabdachung ein schmaler Streifen von Sommerwäldern (*N. pumilio, N. antarctica*) aus dem vorgenannten Hauptverbreitungsgebiet über rund 2000 km bis Feuerland (55° s. Br.) und trennt die großenteils von den immergrünen *N. Dombeyi* oder *N. betuloides* beherrschten Regenwälder im Westen von der patagonischen Steppe im Osten (Fig. 10).

Literatur

Bernath, E. L. 1940: Las hayas australes o antárticas de Chile. Santiago de Chile.
Berninger, O. 1929: Wald und offenes Land in Süd-Chile seit der spanischen Eroberung. Geogr. Abh., R. 3, H. 1, Stuttgart.
Besoain, E. 1969: Untersuchungen von Böden aus Pyroklastiten (Aschen und Tuffe) Chiles, Japans, Deutschlands und Italiens. Diss., Math.-Nat. Fak., Bonn.
Brockmann-Jerosch, H. 1919: Baumgrenze und Klimacharakter. Zürich.
Bünning, E. 1956: Der tropische Regenwald. Verständl. Wiss., 56. Berlin, Göttingen, Heidelberg.
Caviedes, C. 1969: Los estados de tiempo típicos de Valparaiso, Chile Central. *Revista Geogr. de Valparaiso*, 3 (1–2): 3–21.
Diaz Vial, C. et alii 1958: Estudio sobre habilitación de los ñadis, o suelos húmedos, del Departamento de Puerto Varas (1954). *Agricultura Técnica*, 18 (2): 412–486.

Dimitri, M. J. 1972: La región de los bosques andino-patagónicos. Sinopsis General. Buenos Aires.
Ellenberg, H. 1978: Vegetation Mitteleuropas mit den Alpen, in ökologischer Sicht. 2. Aufl. Stuttgart.
Ellies, A. 1975: Untersuchungen über einige Aspekte des Wasserhaushaltes vulkanischer Aschenböden aus der gemäßigten Zone Südchiles. Diss., Fak. f. Gartenbau u. Landeskultur, Hannover.
Eriksen, W. 1970: Kolonisation und Tourismus in Ostpatagonien. Bonner Geogr. Abh., 43. Bonn.
Eriksen, W. 1979: Föhnprozesse und föhnartige Winde in Argentinien. Innsbrucker Georgr. Stud., 5, Innsbruck: 63–78.
Eskuche, U. 1969: Berberitzengebüsche und Nothofagus-antarctica-Wälder in Nordwestpatagonien. *Vegetatio*, 19: 264–285.
Eskuche, U. 1973: Estudios fitosociológicos en el norte de Patagonia. I. Investigación de algunos factores de ambiente en comunidades de bosque y de chaparral. *Phytocoenologia*, 1: 64–113.
Fuenzalida, H. 1950: Clima. in: Geografía Económica de Chile, I, Santiago: 188–257.
Gams, H. 1960: Die Herkunft der hochalpinen Moose und Flechten. *Jahrb. d. Vereins z. Schutze d. Alpenpflanzen u. -Tiere*, 25: 85–95.
Golte, W. 1973: Das südchilenische Seengebiet. Besiedl. u. wirtschaftl. Erschließung seit d. 18. Jh. Bonner Geogr. Abh., 47. Bonn.
Golte, W. 1974: Öko-physiologische und phylogenetische Grundlagen der Verbreitung der Coniferen auf der Erde. Dargest. am Beisp. d. Alerce (Fitzroya cupressoides) in d. südl. Anden. *Erdkunde*, 28: 81–101.
Golte, W. 1978: Die südandine und die südbrasilianische Araukarie. Ein ökologischer Vergleich. *Erdkunde*, 32: 279–296.
Grez, R. 1977: Nährelementhaushalt und Genese von Böden aus vulkanischen Aschen in Südchile. Freiburger Bodenkundl. Abh., 6. Freiburg i. Br.
Hauman-M., L. 1913: La forêt valdivienne et ses limites. *Rec. Inst. Bot. Léo Errera*, 9: 346–408.
Henning, I. & D. Henning 1976: Die klimatologische Trockengrenze. *Meteorol. Rdsch.*, 29 (5): 142–151.
Huber, B. 1956: Die Saftströme der Pflanzen. Verständl. Wiss., 58. Berlin, Göttingen, Heidelberg.
Hueck, K. 1966: Die Wälder Südamerikas. Ökol., Zusammensetzung u. wirtschaftl. Bedeutung. Stuttgart.
Hueck, K. & P. Seibert 1972: Vegetationskarte von Südamerika. Stuttgart.
Husen, Chr. van 1967: Klimagliederung in Chile auf der Basis von Häufigkeitsverteilungen der Niederschlagssummen. Freiburger Geogr. H., 4. Freiburg i. Br.
Instituto Superior de Agricultura, Osorno, 1965: Treinta años de observaciones meteorológicas, 1935–1964. Osorno.
Kalela, E. K. 1941: Über die Holzarten und die durch die klimatischen Verhältnisse verursachten Holzartenwechsel in den Wäldern Ostpatagoniens. Helsinki.
Kisser, J. G. 1976: Warum im Herbst die Blätter fallen. *Bild d. Wiss.*, 13 (11): 48–56.
Köhn, M. 1948: Über den Einfluß der Schneedecke auf die Bodentemperatur. *Wetter u. Klima*, 1: 303–306.
Kubitzki, K. 1964: Zur Kenntnis der osmotischen Zustandsgrößen südchilenischer Holzgewächse. *Flora*, 155: 101–116.
Lauer, W. 1961: Wandlungen im Landschaftsbild des südchilenischen Seengebietes seit Ende der spanischen Kolonialzeit. In: Beiträge zur Geographie der Neuen Welt (Schmieder-Festschr.), Schr. Geogr. Inst. Univ. Kiel, 20, Kiel: 227–276.
Martin, C. 1898: Pflanzengeographisches aus Llanquihue und Chiloé: *Verh. Dt. Wiss. Vereins zu Santiago*, Valparaiso, 3: 507–522.
Matthei, A. 1929: Landwirtschaft in Chile. Bielefeld und Leipzig.

Neger, F. W. 1913: Biologie der Pflanzen auf experimenteller Grundlage (Bionomie). Stuttgart 1913.
Oberdorfer, E. 1960: Pflanzensoziologische Studien in Chile. Flora et Vegetatio Mundi, 2. Weinheim.
Pisano, E. 1973: Fitogeografía de la Península Brunswick, Magallanes. *Anal. Inst. de la Patagonia* (Punta Arenas), 4: 141–206.
Pisano, E. & M. J. Dimitri 1973: Estudio ecológico de la Región Continental Sur del área andino-patagónica. *Anal. Inst. de la Patagonia* (Punta Arenas), 4: 207–271.
Quintanilla, V. G. 1975: Biogeografía de la Quinta Región. *Revista Geogr. de Valparaiso*, No. 6, 1975; 3–22.
Reiche, K. 1897: Beiträge zur Kenntnis der chilenischen Buchen. *Verh. Dt. Wiss. Vereins zu Santiago de Chile*, Valparaiso, 3: 397–420.
Reiche, K. 1907: Grundzüge der Pflanzenverbreitung in Chile. Die Vegetation d. Erde, 8. Leipzig.
Riesco, R. 1978: Untersuchungen zur Bevölkerungsdynamik und Agrarentwicklung in der chilenischen Frontera. Diss., Math.-Nat. Fak., Bonn.
Schmithüsen, J. 1956: Die räumliche Ordnung der chilenischen Vegetation. In: Schmithüsen et alii, Forschungen in Chile. Bonner Geogr. Abh., 17, Bonn: 1–86.
Schulmeyer Malig, D. 1978: Observaciones fitogeográficas sobre la Cordillera de Nahuelbuta. Apartado del Boletín Informativo del Inst. Geogr. Militar, Santiago de Chile, II Trimestre: 3–19.
Schwabe, G. 1956: Die ökologischen Jahreszeiten im Klima von Mininco (Chile). In: J. Schmithüsen et alii, Forschungen in Chile. Bonner Geogr. Abh., 17, Bonn: 139–183.
Seibert, P. 1979: Die Vegetationskarte des Gebietes von El Bolsón, Provinz Río Negro, und ihre Anwendung in der Landnutzungsplanung. Bonner Geogr. Abh., 62, Bonn.
Skottsberg, C. 1916: Die Vegetationsverhältnisse längs der Cordillera de los Andes s. von 41° s. Br. (= Bot. Ergebn. d. Schwed. Exped. n. Patagon. u. d. Feuerlande, 5). Kungl. Svenska Vetenskabsakad. Handl., 56 (5), Stockholm.
Steenis, C. G. G. J. van 1971: Nothofagus, key genus of plant geography, in time and space, living and fossil, ecology and phylogeny. *Blumea*, 19: 65–98.
Stimming, H. 1961: Über den Mineralstoffhaushalt südchilenischer Böden unter besonderer Berücksichtigung der Ergebnisse von Felddüngungsversuchen. Berlin.
Troll, C. 1941: Studien zur vergleichenden Geographie der Hochgebirge der Erde. Bericht d. 23. Hauptversamml. d. Ges. v. Freund. u. Förd. d. Rhein. Fr.-Wilh.-Univ. Bonn, *Bonner Mitteilungen*, 21: 49–96.
Urban, O. 1927: Die Flora der Provinz Llanquihue. *Dt. Monatshefte f. Chile*, Santiago, 7: 380–396.
Veblen, T. T., D. H. Ashton, F. M. Schlegel & A. T. Veblen 1977: Distribution and dominance of species in the understorey of a mixed evergreen-deciduous Nothofagus forest in south-central Chile. *J. Ecol.*, 65: 815–830.
Veblen, T. T. & D. H. Ashton 1978: Catastrophic influences on the vegetation of the Valdivian Andes, Chile. *Vegetatio*, 36 (3): 149–167.
Veblen, T. T., A. T. Veblen & F. M. Schlegel 1979: Understorey patterns in mixed evergreen-deciduous Nothofagus forests in Chile. *J. Ecol.*, 67: 809–823.
Walter, H. 1960: Grundlagen der Pflanzenverbreitung. I. Teil. Standortslehre (= Einf. in d. Phytologie, 3/1). 2. Aufl. Stuttgart.
Walter, H. & E. 1953: Das Gesetz der relativen Standortskonstanz; das Wesen der Pflanzengemeinschaften. *Ber. Dt. Bot. Ges.*, 66; 228–236.
Weber, E. 1938: Die morphologische Gliederung der mittelchilenischen Küstenkordillere. *Peterm. Geogr. Mitt.*, 84: 257–262.
Weinberger, P. & R. Binsack 1970: Zur Entstehung und Verbreitung der Aschenböden in Südchile. *Tropenlandwirt*, 71: 19–31.

Weinberger, P., M. Romero & M. Oliva 1973: Untersuchungen über die Dürreresistenz patagonischer immergrüner Gehölze. *Vegetatio*, 28 (1-2): 75-98.

Weischet, W. 1959: Geographische Beobachtungen auf einer Forschungsreise in Chile. *Erdkunde*, 13: 6-22.

Weischet, W. 1968: Die thermische Ungunst der südhemisphärischen hohen Mittelbreiten im Sommer im Lichte neuer dynamisch-klimatologischer Untersuchungen. *Regio Basiliensis*, 9 (1): 170-189.

Weischet, W. 1970: Chile. Seine länderkundl. Individualität und Struktur. Darmstadt.

Weischet, W. 1978: Die ökologisch wichtigen Charakteristika der kühl-gemäßigten Zone Südamerikas mit vergleichenden Anmerkungen zu den tropischen Hochgebirgen. In: C. Troll & W. Lauer (Hrsg.), Geoökologische Beziehungen zwischen der temperierten Zone der Südhalbkugel und den Tropengebirgen (= Erdwiss. Forsch., 11). Wiesbaden: 255-280.

Yudelevich, M. et alii 1967: Clasificación preliminar del bosque nativo de Chile. Informe Técnico, 27. Santiago.

Zur geoökologischen Differenzierung Afghanistans

PETER FRANKENBERG, WILHELM LAUER und M. DAUD RAFIQPOOR

Problemstellung:

Afghanistan ist ein Land starker klimatischer und vegetationsgeographischer Gegensätze. Der Hochgebirgscharakter weiter Teile des Staatsgebietes bedingt eine vertikal vielfältige geoökologische Differenzierung. Diese dreidimensionale geoökologische Vielfalt gestaltet eine ökoklimatische Regionalisierung schwierig und reizvoll zugleich. Die geringe Zahl von Klimastationen, die relativ kurzen Zeitreihen der Klimadaten und die noch wenig vollständige geobotanische Durchdringung des Raumes lassen jede ökoklimatische Differenzierung als vorläufig erscheinen.

In dieser Studie wird angestrebt, nach dem gegenwärtigen Stand an Information und auf der Basis von Häufigkeitsanalysen monatlicher Niederschlagsmengen sowie der Zahl der humiden und ariden Monate, eine klimageographische Gliederung Afghanistans vorzunehmen und diese in einen Zusammenhang mit der vegetationsgeographischen Raumgliederung zu stellen.

In den bisher vorliegenden Untersuchungen zur klimatologischen Regionalisierung Afghanistans hatte Stenz (1946) auf der Basis von 9 Klimastationen erstmals eine grobe räumliche Gliederung Afghanistans vorgenommen. Ab 1958 wurde ein dichteres Stationsnetz aufgebaut, das präzisere Untersuchungen ermöglichte. Flohn erstellte (1969) eine Analyse des Wasserhaushaltes der Hindukuschregion. Rathjens (1972, 1975, 1978) legte mehrere Studien vor, in denen er die große Bedeutung der Variabilität des Niederschlagsregimes in Afghanistan hervorhob und in denen er einige Zusammenhänge zwischen der Niederschlagsvariabilität und den Ernteerträgen analysierte. Von geobotanischer Seite hat Volk (1954) eine erste Übersicht der Zusammenhänge von Klima und Vegetation Afghanistans gegeben. Die bisher vollständigste Beschreibung der Vegetationsverhältnisse des gesamten Staatsgebietes veröffentlichte Freitag (1971). Umfangreiche pflanzensoziologische Analysen afghanischer Vegetationseinheiten wurden von Gilli (1969, 1971) vorgenommen. Er beschränkte sich jedoch weitgehend auf das östliche Afghanistan. Im Rahmen der Vegetationskartierung des Mittelmeerraumes wurde 1970 von der F.A.O. (Lalande) eine brauchbare kartographische Vegetationsübersicht Afghanistans publiziert, die detaillierter ist als die Vegetationskarte von Freitag. Breckle

(1973, 1975) legte eine kleinräumige Untersuchung über Zusammenhänge von Mikroklima und Vegetation für die alpinen Regionen Afghanistans vor.

Methode

In dem vorliegenden Beitrag sollen die Zusammenhänge zwischen dem Pflanzenkleid Afghanistans und seiner klimageographischen Differenzierung aufgezeigt werden. Als Vegetationskarte wurde die Darstellung nach UNESCO/FAO zugrunde gelegt (Abb. 10). Für die klimageographische Differenzierung wurden Häufigkeitsverteilungen monatlicher Niederschläge (Abb. 1) und für die Isohygromenenkarte die Dauer der humiden und ariden Jahreszeiten (Abb. 2) ermittelt. Beiden Karten zum Klima liegen Daten von 34 Klimastationen der Periode von 1965–1975 zugrunde. Nur über diesen Zeitraum liegen die benötigten Datenreihen vollständig vor. Eine ausführliche witterungsklimatische Analyse auf dieser Datenbasis hatte Rafiqpoor (1979) in seiner Diplomarbeit gegeben. Ihre Ergebnisse sind in diese Studie eingearbeitet.

M. D. Rafiqpoor (1979) benutzte zur Häufigkeitsauszählung von monatlichen Niederschlagssummen die Methode von Schneider-Carius (u. a. 1955). Zur Klassenbildung verwendete er die für aridere Räume empfohlene logarithmische Skala

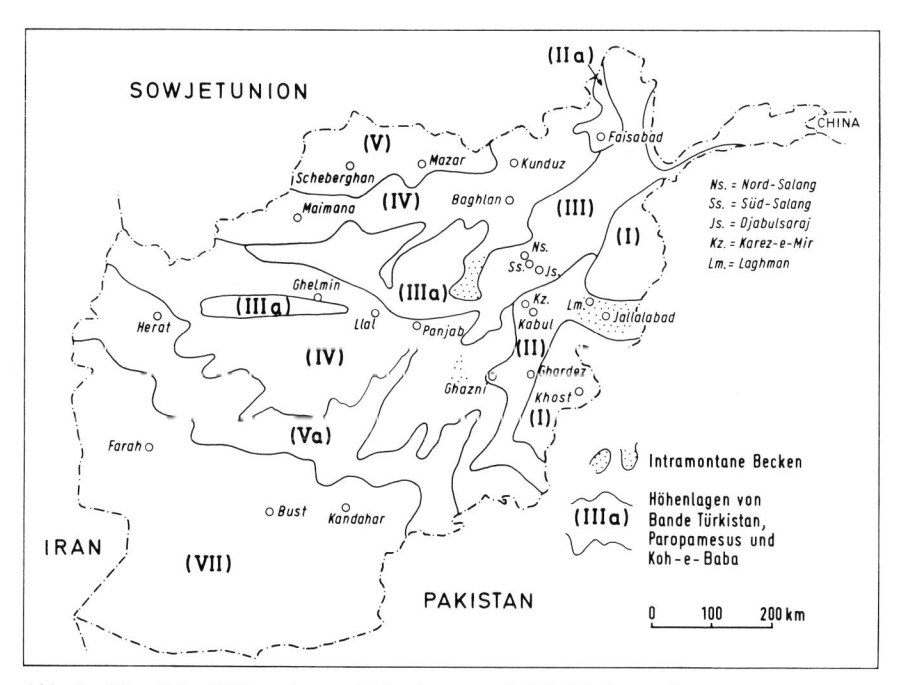

Abb. 1 Räumliche Differenzierung Afghanistans nach Häufigkeitsverteilungen monatlicher Niederschläge

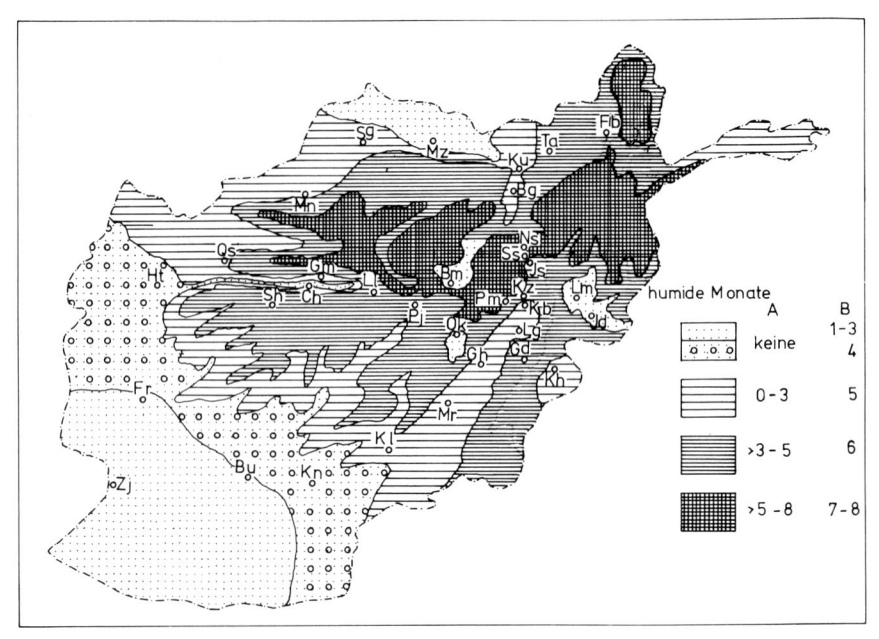

Abb. 2 Anzahl der ‚klimaökologisch' und ‚landschaftsökologisch' humiden Monate Afghanistans
A = Anzahl der ‚klimaökologisch' humiden Monate
B = Anzahl der ‚landschaftsökologisch' humiden Monate

(C-Skala nach Schneider-Carius, 1955). Sie gewichtet in einem niederschlagsarmen Raum auch kleinere Niederschlagsmengen so, daß sie im Gesamtbild der Niederschlagshäufigkeiten hinreichend vertreten sind. Ähnliche Häufigkeitsauszählungen von Niederschlagsmengen zur klimageographischen Raumdifferenzierung hatten van Husen (1967) für Chile und Nisançi (1973) für die Türkei durchgeführt.

Die witterungsklimatische Regionalisierung Afghanistans, wie sie in Abb. 1 gegeben wird, beruht auf Niederschlagsklassen der Häufigkeit des Auftretens bestimmter Niederschlagsmengen sowie ihrer jahreszeitlichen Verteilung. Allerdings kann auf dieser Basis keine rein quantitative Grenzziehung vorgenommen werden. Die kartographische Differenzierung erfolgte daher in Anlehnung an gegebene Landschaftsgrenzen, innerhalb derer Stationen gleicher Häufigkeitstypen liegen.

Die klimatische Gliederung Afghanistans, wie sie in Abb. 2 gegeben wird, verwendet das Isohygromenen-Konzept von Lauer (1952). In dieser Arbeit sind zwei Typen von Humidität und Aridität dargestellt: die „klimatische" Humidität bzw. Aridität sowie eine „landschaftsökologische" Humidität bzw. Aridität im Sinne von Lauer und Frankenberg (1978). Ein Monat ist „klimatisch" humid, wenn in ihm das Niederschlagsaufkommen die potentielle Verdunstung übersteigt; er ist landschaftsökologisch humid, wenn der Niederschlag die Summe der potentiellen Landschaftsverdunstung übersteigt. Die potentielle Verdunstung wurde nach Papadakis (1966) berechnet, die potentielle Landschaftsverdunstung nach Lauer und Frankenberg (1978).

Der Vergleich der Raummuster der Vegetation mit den genannten klimatischen Parametern mußte qualitativ vorgenommen werden, da sowohl die Vegetationserhebungen als auch die gemessenen Klimawerte für einen quantitativen Ansatz nicht ausreichen. Dennoch läßt sich das Vegetationsmuster Afghanistans witterungsklimatisch sowie vom Rhythmus arider und humider Jahreszeiten her interpretieren.

Eine dreidimensionale Synthese von Klima und Vegetation gibt die Abbildung 11. Sie entspricht in ihrer Darstellung dem Schema nach Lauer und Frankenberg (1978, S. 93).

Hygrisch chorologische Gliederung und Vegetationstypen

Als Basis für den räumlichen Vergleich von Klima und Vegetation in den einzelnen Regionen Afghanistans dient die Klimatypenkarte nach den Häufigkeitsanalysen monatlicher Niederschlagssummen (Abb. 1). Als Repräsentanten dieser einzelnen Klimaregionen gelten Klimadiagramme von einzelnen Stationen, die die charakteristischen hygrischen Merkmale der einzelnen Typen ausweisen (Abb. 3–9). Auf der Ordinate sind die Häufigkeitsklassen der einzelnen Niederschläge, auf der Abszisse die Monate des Jahres und mit Schraffuren die prozentualen Häufigkeiten monatlicher Niederschlagssummen eingetragen.

Die *Klimaregion I* der Klimatypenkarte Afghanistans (Abb. 1) stellt einen Raum der Verzahnung monsunaler Sommerregen mit ektropischen Winterregen dar. Das Beispieldiagramm Khost (Abb. 3) weist dies deutlich aus. An dieser Station treten sowohl im Sommer als auch im Winter große Häufigkeiten hoher monatlicher Niederschlagssummen auf. Als Grenzwert pflanzenökologischer Relevanz kann man 40 mm Niederschlag pro Monat ansehen. An der Station Khost wird dieser Wert in den Monaten Januar bis April und Juni bis September mit mehr als 30 % Wahrscheinlichkeit überschritten. Der Höhepunkt der Winterregen wird im April erreicht. Dann sind mit über 50prozentiger Häufigkeit Niederschläge von mehr als 63,1 mm pro Monat gegeben. Entsprechende Niederschlagshöhen zeigen während der Monsunphase im Monat August die größte Häufigkeit, die dann bei 21–30 % liegt. Das Eintreten hoher Winterniederschläge erscheint wahrscheinlicher als das Auftreten hoher Sommerniederschläge. Die größten Wahrscheinlichkeiten der Kategorie ‚kein Niederschlag' ergeben sich in den Monaten Oktober bis Januar, wobei für den Zeitraum Oktober bis Dezember eine Wahrscheinlichkeit von über 31 % anzunehmen ist. Die Winterregen fallen vor allem in den Monaten Februar bis April, die Sommerregen von Juni bis September. Dem entspricht nach Sivall (1977)

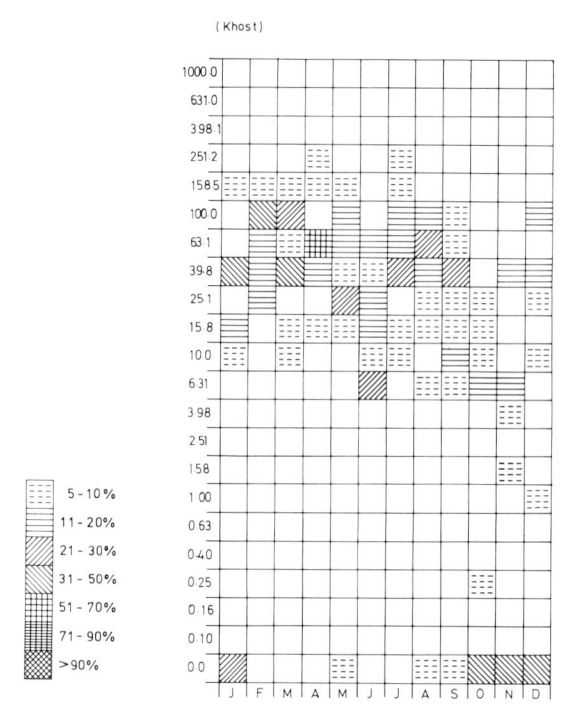

Abb. 3 Diagramm der Häufigkeitsverteilung monatlicher Niederschlagssummen der Klimastation Khost

die synoptische Struktur der atmosphärischen Zirkulation des Monsunphänomens. Sivall bezeichnet den Juni als noch praemonsunalen Monat, erst in den Monaten Juli und August sei die Monsunzirkulation voll entwickelt; im September beginne sich der Monsun nach Südosten zurückzuziehen. Während des Höhepunktes der Monsunphase kann die ITF (Innertropische Front) bis in die Regionen westlich von Kabul reichen (Sivall, 1977), ohne dort besonders regenbürtig zu sein. Im Mittel verbleibt die ITF weiter im Osten. Es ist nach Sivall (1977) eine untere von einer oberen Monsunzirkulation zu unterscheiden. Die untere Monsunzelle reicht bis etwa 3000/4000 m Höhe, der untere ‚Antimonsun' bis 6000 m. Diese untere Monsunzirkulation ist durch eine Gebirgskette zwischen Jalalabad und Peshawar gespalten. Die Teilzelle über dem Becken von Jalalabad ist zu geringmächtig entwickelt, als daß sie höhere konvektive Niederschläge zeitigen könnte. Das Becken ist relativ trocken. Die Mehrzelligkeit der mittleren Monsunzirkulation spiegelt sich auch in der Vegetation wider.

Als Hauptvegetationstyp dieser Klimaregion der Verzahnung von Winter- und Sommerregen gibt Freitag (1971) Hartlaub- und Nadelwälder an. Die Sommerregen bedingen hier im Verein mit den überall in Afghanistan auftretenden Winterregen das einzige hygrische ‚Waldklima' des Landes. Die Waldregion deckt sich geradezu mit dem Raum periodisch auftretender monsunaler Sommerregen (vgl. auch Fischer, 1970). Die Sommerregen verkürzen die aride Zeit des Jahres entscheidend und ermöglichen so den Wuchs mediterraner Wälder, die auch in ihrem Stammareal keine zu langen Dürreperioden überdauern können. Im Mittelmeerraum sind es vor allem die Frühjahrs- und Herbstregen, die die aride Zeit des Sommers entscheidend einengen. In Afghanistan gestattet die hohe Lage der Waldgebiete und das stark subtropisch geprägte Strahlungsklima kaum das Aufkommen tropischer Spezies in den relativ feuchten Regionen, so daß echte mediterrane Hartlaub- oder Nadelwälder vorherrschen. Die hypsometrisch unterste Formation ist jedoch noch tropisch induziert, eine *Ziziphus-Acacia*-Gesellschaft, die nach oben in eine *Olea-Reptonia*-Formation und dann in den *Quercus baloot*-Wald übergeht. Hier zeigt sich, daß bei ausreichender Wärme in den unteren Höhenstufen die Verzahnung tropischer Sommer- und ektropischer Winterregen auch zu einer Vermischung palaeotropischer und holarktischer Flora führt. Die *Olea-Reptonia*-Gesellschaft findet ihre Obergrenze bei etwa 1300 m. Die *Quercus baloot*-Formation benötigt nach Freitag (1971) nicht unbedingt hohe Sommerregensummen, was der Standort anzeigt. Nach oben folgen subhumide Eichenwälder, die zu den Winterregen auch höherer Sommerregen bedürfen. Sie werden schließlich im Bereich des oberen Kondensationsniveaus von Nebel-Nadelwäldern abgelöst (vorwiegend *Pinus*). Oberhalb der Waldgrenze bis in 4000 m Höhe (Freitag, 1971) ist eine Knieholz-(Krummholz-)Gesellschaft ausgebildet. Die subnivale und nivale Stufe erhält ihre Niederschläge nahezu ausschließlich im Winter, da die sommerlichen Monsunregen nur bis in die Stufe der Krummholz-Region reichen. Mit größerer Höhe wird das Klima arider. Dem entspricht eine nur schüttere mattenartige Vegetationsdecke, die Breckle (1975) als ‚alpine Halbwüste' bezeichnet.

Innerhalb der Klimaregion I (Abb. 1) verbergen sich im vertikalen Aufriß bereits mehrere Humiditätstypen. Während Khost die trockenen Beckenlagen mit maximal drei humiden Monaten repräsentiert, erreichen die mittleren Höhen einschließlich der Krummholz-Region bis zu 8 humide Monate. Darüber nimmt die Zahl der humiden Monate wieder rapide ab. Es tritt also eine untere und eine obere Trockengrenze auf. Somit steht den Pflanzen zwischen etwa 1300 bis 4000 m Meereshöhe an 5–8 Monaten des Jahres zumindest soviel Wasser zur Verfügung, wie sie zu ausreichender Stoffproduktion benötigen.

Die *Klimaregion II* der Klimatypenkarte (Abb. 1) stellt einen Raum dar, in dem die ökologische Bedeutung der monsunalen Sommerregen, verglichen mit der Klimaregion I, stark zurückgeht, aber noch nicht zu vernachlässigen ist. Sie schließt das Becken von Jalalabad ein.

Als Beispieldiagramm der Häufigkeitsverteilungen der Niederschläge mag für diesen Raum Kabul dienen (Abb. 4). Im Vergleich zu Khost fällt deutlich die geminderte Wahrscheinlichkeit des Auftretens von Sommerregen ins Auge. Höhere Sommerniederschläge (über 25 mm) kommen nur noch mit Häufigkeiten von 5–10 % vor. Demnach treten in den Sommermonaten ökologisch relevante Niederschlagssummen nur noch sehr selten auf. Im Winter fallen Niederschlagssummen von über 63 mm mit Wahrscheinlichkeiten, die stets 20 % übersteigen. Februar und März zeitigen sogar Niederschläge von über 100 mm im Monat, mit Häufigkeiten von mehr als 50 %. Diese Klimaregion II weist eine differenzierte Zahl von humiden Monaten aus. Besonders die Becken sind verhältnismäßig arid; so tritt im Becken von Jalalabad kein ‚klimaökologisch' humider Monat mehr auf, im ‚landschaftsökologischen' Sinne können dagegen drei Monate als noch humid angesehen werden. Die höheren Reliefteile zeitigen 5 ‚landschaftsökologisch' humide Monate, klimaökologisch sind 3–5 Monate humid. Als entscheidender hygrisch-ökologischer Unterschied zu der Klimaregion I kann somit nicht die absolute Länge der humiden Zeit gelten, sondern die Verteilung der humiden Monate im Jahresablauf. In der Klimaregion II sind die Monate Dezember bis April durchgehend humid. Dem steht

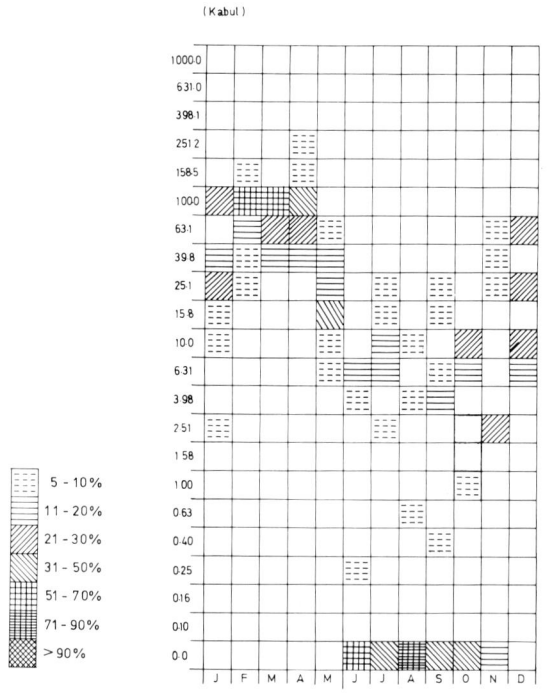

Abb. 4 Diagramm der Häufigkeitsverteilung monatlicher Niederschlagssummen der Klimastation Kabul

von Mai bis November eine aride Phase gegenüber, die im Mittel 7 Monate ununterbrochen andauert. In der Klimaregion I tritt dagegen dank der monsunalen Sommerregenfälle keine Trockenphase auf, die länger als drei bis vier Monate währt. Dies ermöglicht dort den Waldwuchs, der in der Klimaregion II auskeilt. Vegetationsgeographisch dominieren hier offene *Pinus*-Gehölze, die ähnlich wie im Mittelmeergebiet zu baumlosen Steppen überleiten.

Im trockenen Becken von Jalalabad ist eine noch palaeotropisch geprägte Vegetation anzutreffen. Dort verbreitet sich, wie in der nordafrikanischen Sahelzone, *Calotropis procera* nach starker Beweidung. Es genügen tropischen Trockenpflanzen zu ihrer Entwicklung monatliche Sommerregen von mehr als 60 mm, die jedoch nur mit Häufigkeiten von 5–10 % fallen.

Die *Klimaregion III* (Abb. 1) wird nach dem vorherrschenden Niederschlagstypus recht gut durch die Klimastation Nord-Salang präsentiert (vgl. Abb. 5). Der Raum umfaßt im wesentlichen die Hochgebirgsregion des Hindukusch, von Kohe Baba und Paropamisus. Typisch sind häufige und extrem hohe winterliche Niederschläge, relativ hohe Frühjahrsregen, aber geringe Herbst- und Sommerwerte des Niederschlagsaufkommens. Vor allem die konvektiven sommerlichen Niederschlä-

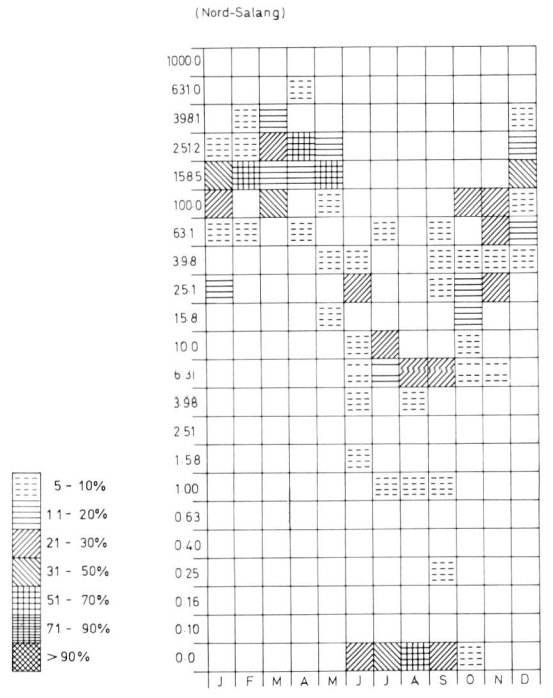

Abb. 5 Diagramm der Häufigkeitsverteilung monatlicher Niederschlagssummen der Klimastation Nord-Salang

ge sind sehr unergiebig. Es ist ein Gebiet mit einer längeren humiden Zeit, die im günstigsten Fall von Oktober bis Mai andauert, so daß bis zu acht ‚landschaftsökologisch' humide Monate zu registrieren sind (vgl. Abb. 2). Im Winter und im Frühjahr treten mit Wahrscheinlichkeiten von über 50 % Monatsniederschläge auf, die 150 mm, ja sogar 250 mm überschreiten. Der regenreichste Monat ist der April. Von Dezember bis Mai sind mit stets mehr als 30 % Wahrscheinlichkeit Monatsniederschläge von mehr als 100 mm zu erwarten. Mit gleicher Wahrscheinlichkeit erscheinen Juli und August als regenlos. Die größte Häufigkeit der Klasse ‚kein Niederschlag' – mithin vollaride Monate – kennzeichnet die Zeit von Juni bis September. Einer relativ langen winterlichen Humiditätsphase steht also eine geschlossene sommerliche Ariditätsphase gegenüber. Wegen der großen Höhenlage dieser Klimaregion III ist es pflanzenökologisch besonders relevant, daß sich die hygrische Vegetationszeit auf das thermisch ungünstige Winterhalbjahr konzentriert. Zwischen 3300 und 4000 m herrschen mediterrane Dornpolster-Fluren vor, während in der entsprechenden Höhenstufe der Klimaregion I bei ausreichendem Sommerregen im Bereich der Waldgrenze ein üppiger Wald- und ein Knieholzgürtel ausgebildet sind (Freitag, 1971). Die starke Einengung der Vegetationszeit durch Sommer-

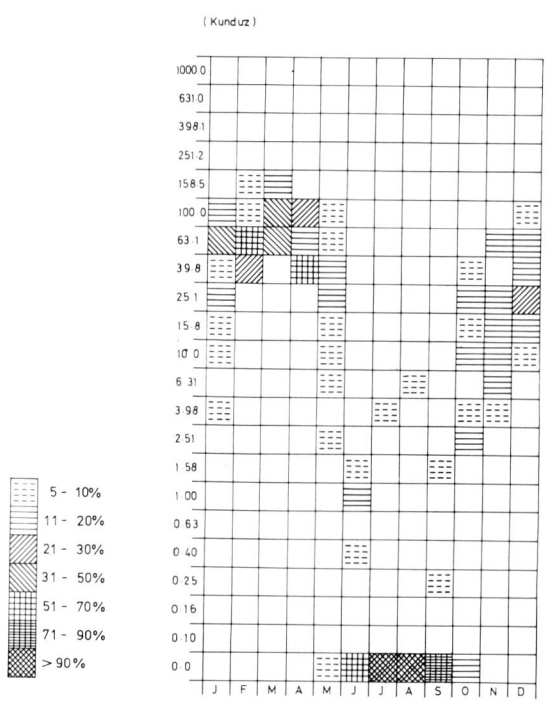

Abb. 6 Diagramm der Häufigkeitsverteilung monatlicher Niederschlagssummen der Klimastation Kunduz

dürre und Winterkälte verhindert in der Klimaregion III das Aufkommen von geschlossenen Gehölzformationen.

Die *Klimaregion IV* (vgl. Abb. 1) wird recht gut durch das Häufigkeitsdiagramm der Niederschläge von Kunduz ausgewiesen (Abb. 6). Sie repräsentiert die Nordabdachung des Hindukusch mit überwiegenden Winter- und Frühjahrsniederschlägen. Niederschlagssummen von monatlich mehr als 40 mm fallen mit einer Häufigkeit von über 30 % in den Monaten Januar bis April. Auch in der Klimaregion IV ist diese Niederschlagssumme pflanzenökologisch relevant. Im März sind mit über 30 % Wahrscheinlichkeit sogar Niederschläge von mehr als 150 mm zu erwarten. In den Monaten November–Dezember treten Niederschläge von mehr als 40 mm nur mit Wahrscheinlichkeiten von 10–20 % auf. Der Sommer ist ausgesprochen regenlos. In den Monaten Juli–August fällt in über 90 % aller Fälle kein Niederschlag. Im Juni und im September bleibt mit 50 %iger Wahrscheinlichkeit der Regen aus. Die monsunale Strömung, welche dem Osten Afghanistans Sommerregen bringt, kann mit regenbringenden Wolken den Hindukusch nicht übersteigen. Dort tritt im Sommer sogar ein föhnartiger Lee-Effekt auf. Der Sommer ist durchgehend arid. Im Winterhalbjahr dauert die humide Phase ‚klimaökologisch' 3 Monate, ‚landschaftsökologisch' bis zu 6 Monate (Abb. 2); im günstigsten Falle von November bis April. Doch ist es in den Monaten November und Dezember sehr unsicher, ob genügend Regen fällt.

Vegetationsgeographisch ist die Klimaregion IV durch eine *Pistacia vera*-Steppe gekennzeichnet (Freitag, 1971). Weitgestreute *Juniperus*-Bestände leiten zu der bereits besprochenen Klimaregion III über. Das Aufkommen von *Pistacia* ist ‚edaphisch' an den hygrisch günstigen Löß gebunden (Freitag, 1971). *Pistacia sp.* und *Artemisia*-Zwergsträucher erinnern stark an die mediterranen Steppen im Übergang zur Sahara. Die langdauernde und extreme Sommertrockenheit verhindert das Aufkommen von anderen Phanerophyten als *Pistacia* und *Amygdalus*.

Die *Klimaregion V* (Abb. 1) leitet als ein Steppenraum nach Norden und nach Südwesten hin zu wüstenhaften Räumen über. Die Häufigkeitsdiagramme der Niederschläge von Mazar-i-Sharif (Mz) und Herat (Ht) (Abb. 7) verdeutlichen das pluviometrische Bild dieser Übergangsregion. Auffallend ist selbst im Vergleich zur Klimaregion IV die zeitlich recht weit gestreckte sommerliche Aridität, die bei Mazar-i-Sharif (Abb. 7) bereits im Mai einsetzt. Bei Herat (Abb. 7) ist der Mai sogar mit einer Häufigkeit von mehr als 30 % regenlos. Die ausgesprochen aride Phase, in der die Kategorie ‚kein Niederschlag' meist mit mehr als 90 % Wahrscheinlichkeit vertreten ist, dauert bei Mazar-i-Sharif (Abb. 7) bis in den Oktober an und schließt an der Station Herat mit Wahrscheinlichkeiten von 21–30 % den November ein. Pflanzenökologisch relevante Niederschläge von mehr als 40 mm pro Monat verzeichnet Mazar-i-Sharif mit einer Häufigkeit von über 20 % von Januar bis April.

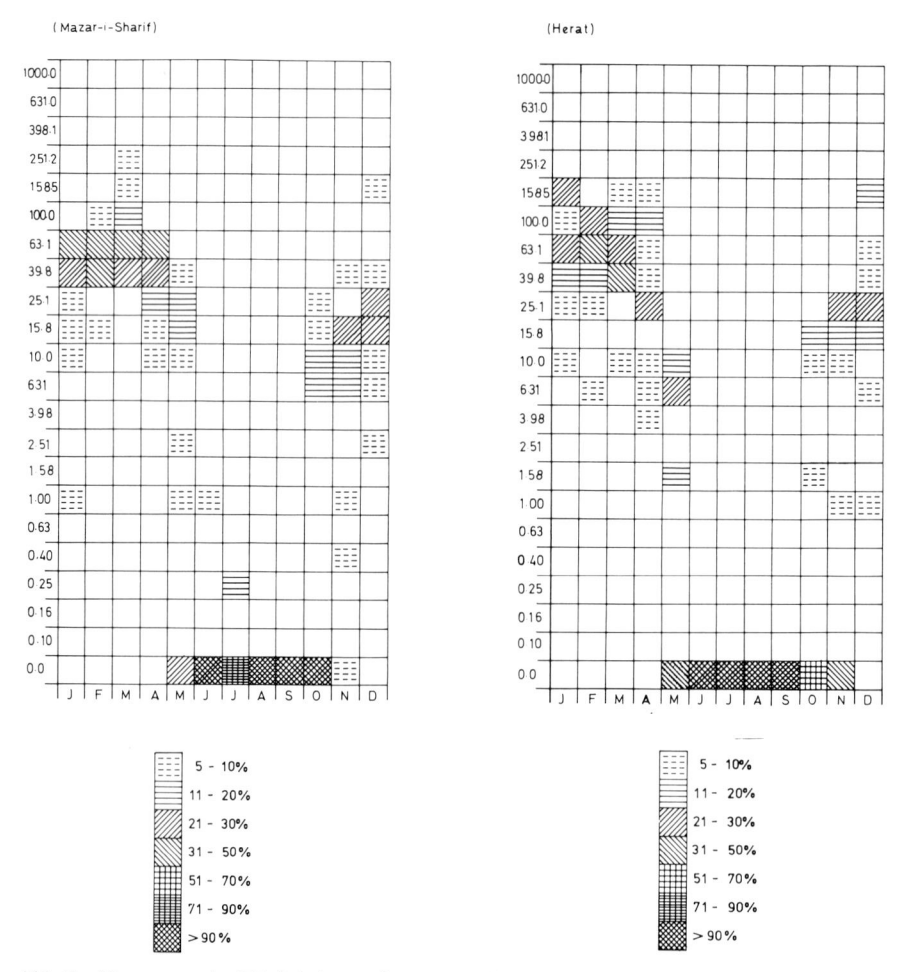

Abb. 7 Diagramme der Häufigkeitsverteilung monatlicher Niederschlagssummen der Klimastationen Mazar-i-Sharif und Herat

Gelegentlich ist auch noch im November oder Dezember ausreichend Niederschlag zu erwarten, so daß im günstigsten Falle 5 ‚landschaftsökologisch' humide Monate registriert werden können. Als ‚klimaökologisch' humid sind nur 0–2 Monate anzusehen (Abb. 2). An der Station Herat treten zeitweise relativ hohe Winterniederschläge auf: im Januar sind es in 20 % aller Jahre Regensummen von mehr als 150 mm, im Februar immerhin noch von mehr als 100 mm. Solche ausgesprochen regenreiche Monate können in dieser Steppenregion mit ihrer schütteren Vegetation ökologisch allerdings nachteilig sein, wenn die Niederschläge als Starkregen fallen (Rathjens, 1978). Im Frühjahr 1972 wurden z. B. Tagessummen von 30 mm überschritten. Derartige Niederschläge begünstigen den Bodenabtrag und fördern die Desertifikation.

Der Norden der Klimaregion V ist nach Freitag (1971) eine *Haloxylon* bzw. *Calligonum-Aristida*-Halbwüste, als typische Übergangsformationen von mediterranen Steppen zu den subtropischen Wüsten. Der Südwesten der Klimaregion V leitet zu den großen südwestlichen Trockengebieten Afghanistans über. Er wird von einer *Amygdalus*-Halbwüste eingenommen. Bei größerer Trockenheit treten auch dort *Calligonum* und *Aristida sp.* auf. Bezeichnend ist, daß selbst in der nördlichen Klimaregion V kaum mehr Phanerophyten auftreten, weil in der hygrischen Gunstphase die Temperaturen zu niedrig sind, lediglich im wärmeren Südwesten ist vereinzelt noch Baumwuchs möglich. Das höhere Temperaturniveau gestattet dort eine Stoffproduktion, die es einigen Spezialisten ermöglicht, sich auch als Phanerophyten gegen andere Lebensformen durchzusetzen.

Die *Klimaregion VI* (vgl. Abb. 1), repräsentiert durch die Klimastation Lal, vermittelt zwischen der Klimaregion III des Hohen Hindukusch und der Klimaregion V des südwestlichen Afghanistan. Das Häufigkeitsdiagramm der monatlichen Niederschläge der Klimastation Lal (Abb. 8) zeigt eine große Variationsbreite des Nie-

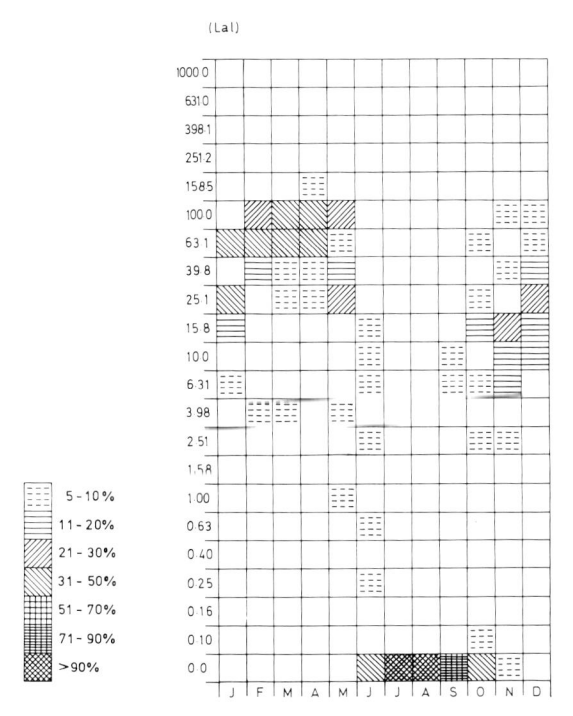

Abb. 8 Diagramm der Häufigkeitsverteilung monatlicher Niederschlagssummen der Klimastation Lal

derschlagsaufkommens. Als Hauptniederschlagsperioden erscheinen Winter und Frühjahr. Mit Häufigkeiten von 31–50 % fallen von Januar bis April Monatsniederschläge, die 63,1 mm übersteigen. Die niederschlagsreichsten Monate sind März und April, in denen Werte von mehr als 100 mm mit einer Häufigkeit von 31–50 % überschritten werden. Die Konzentration zweier Hauptniederschlagsmonate auf das Frühjahr ist günstig für den Pflanzenwuchs, da dann das höhere thermische Niveau eine höhere Stoffproduktion erlaubt. In den Monaten November–Dezember können mit etwa gleich großen Häufigkeitsanteilen Niederschläge von 6 bis über 63,1 mm fallen. Die Niederschlagswerte variieren in diesen Monaten von Jahr zu Jahr außerordentlich stark. Die Hochsommermonate sind vollarid. Juli und August weisen in 90 % aller Fälle keinen Niederschlag auf. Mit über 50 % Wahrscheinlichkeit gilt dies auch für den September, abgeschwächt für Juni und Oktober. Dementsprechend sind in diesem Raum 3–5 Monate ‚klimaökologisch' und bis zu 6 Monate ‚pflanzenökologisch' humid. Humid ist in der Regel auch die Zeit von Januar bis Mai, in 20 % aller Fälle überdies der Dezember.

Vegetationsgeographisch ist die Klimaregion VI nach Freitag (1971) durch eine *Amygdalus*-Baumflur charakterisiert. Die im Vergleich zur südwestlichen Klimaregion V dichtere Baumflur ist wohl in erster Linie auf das häufigere Eintreten hoher Frühjahrsniederschläge zurückzuführen.

Die wüstenhaften Gebiete Afghanistans werden durch die Klimaregion VII repräsentiert. Die Häufigkeitsdiagramme des monatlichen Niederschlagsaufkommens von Bust und Farah (Abb. 9) kennzeichnen die pluviometrische Situation. Beide Klimastationen zeigen auf, daß der Zeitraum von Juni bis Oktober mit einer Wahrscheinlichkeit von über 90 % niederschlagslos ist. Für Mai und November gilt dies mit Häufigkeiten von mehr als 50 %. Sieben Monate des Jahres sind also mit hoher Wahrscheinlichkeit vollarid, d. h. ohne Niederschlag. Pflanzenökologisch relevant ist, daß diese Monate aufeinanderfolgen und die thermisch günstigere Jahreszeit betreffen. Entsprechend relevante Monatsniederschläge (über 25 mm) werden in Bust in 11–20 % aller Jahre im Zeitraum von Januar bis März registriert. Der März ist zugleich mit Niederschlägen von über 63,1 mm in mehr als 20 % aller Fälle der regenreichste Monat. November und Dezember erhalten in 11–20 % aller Fälle Niederschläge von mehr als 15,8 mm. Solche Monate können für eine adaptierte Pflanzenwelt humid sein. Pflanzenökologisch besonders günstig ist dabei der Sandboden, auf dem sich ein höherer Prozentsatz an perennen Spezies einfindet.

Die Klimastation Farah zeigt eine ähnliche Häufigkeitsverteilung der Niederschläge (Abb. 9), jedoch erscheinen November und Dezember wesentlich arider als in Bust.

‚Klimaökologisch' ist in der Klimaregion VII kein Monat humid. ‚Landschaftsökologisch' können bis zu 3 Monate (Januar bis März) als humid gelten, was die vor-

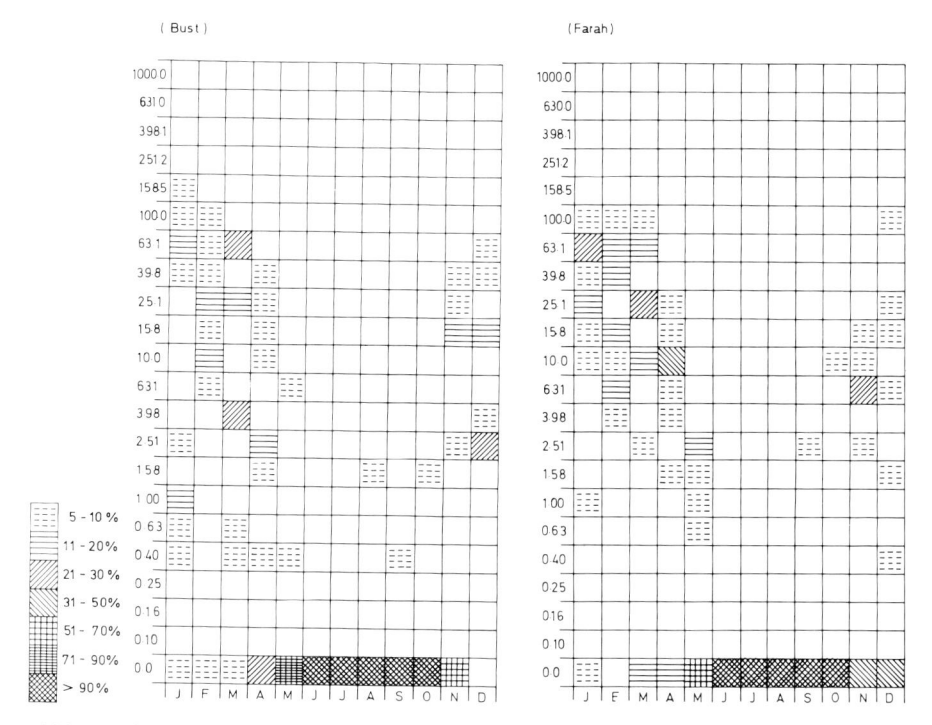

Abb. 9 Diagramme der Häufigkeitsverteilung monatlicher Niederschlagssummen der Klimastationen Bust und Farah

handene Vegetation anzeigt. In dieser Zeit durchlaufen vor allem die Wintertherophyten ihren gesamten Entwicklungszyklus.

Die innere Differenzierung der Wüsten- und Halbwüstenvegetation ist nicht nur hygrisch, sondern auch stark von den Besonderheiten des Substrates geprägt. Eine *Calligonum-Aristida*-Gesellschaft kennzeichnet die feuchteren Sandgebiete. Aridere Salzstandorte werden von *Chenopodiaceen* bestanden. Bei sandigen Beimengungen tritt *Tamarix* hinzu. Dabei gleicht diese Vegetation derjenigen der nördlichen Sahara. Die Gattungen sind meist identisch, kaum jedoch die Arten.

Synthese und Ausblick

Einen Gesamtüberblick über die dreidimensionale Anordnung der Vegetation Afghanistans im Gefüge des Klimas geben die Abb. 10 und 11. Die Abb. 10 zeigt die Vegetation Afghanistans nach der UNESCO/FAO-Vegetation-Map (1980) des Mittelmeerraumes. Die Abb. 11 enthält die Anordnung dieser Vegetationstypen im Zusammenhang mit den analysierten hygrisch-klimatischen Regionen I bis VII (vgl. Abb. 1) sowie mit den Räumen gleicher Zahl humider oder arider Monate

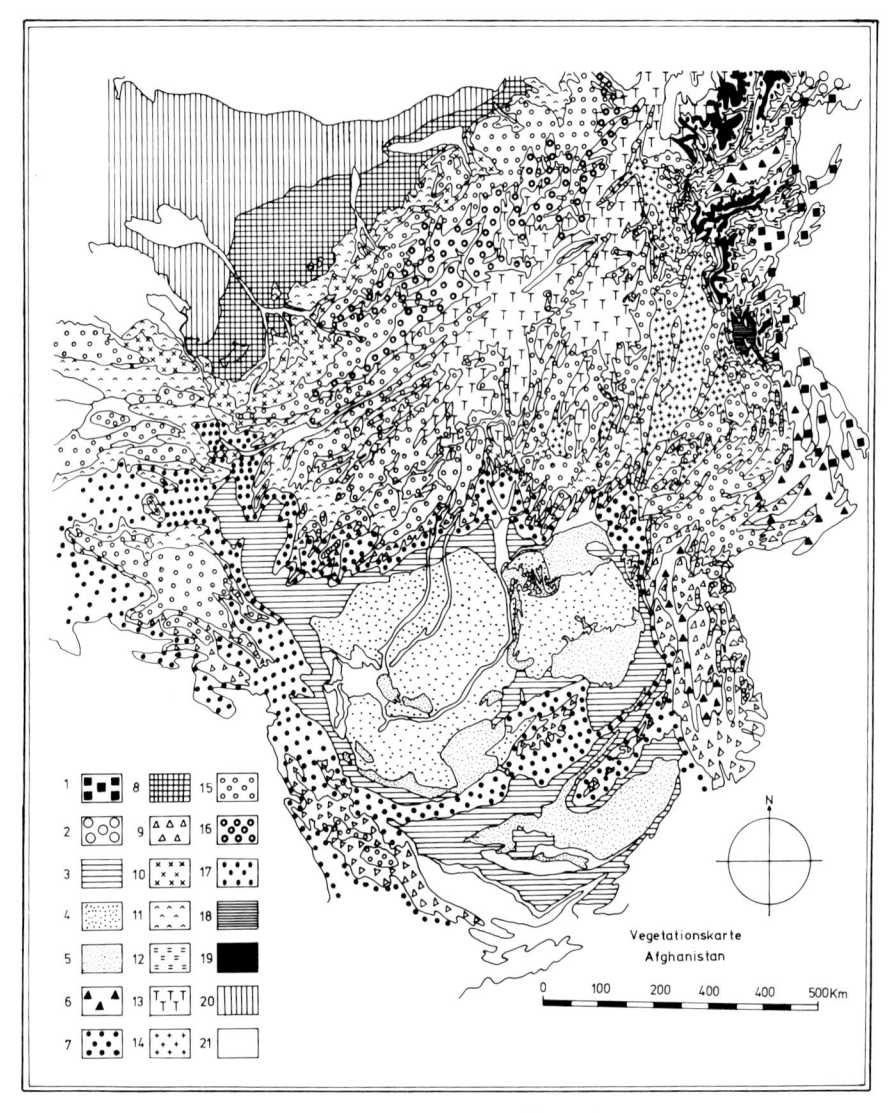

Abb. 10   Vegetationskarte Afghanistans (nach UNESCO/FAO) (vereinfacht umgezeichnet)

I. Tropische und subtropische Vegetation:
  1. *Olea cuspidata*-Formation;
  2. Formation subtropisch-himalayischer *Pinus*arten.
II. Halbwüsten- und Wüstenvegetation:
  (Perennierende Formationen mit Bäumen, Sträuchern, Sukkulenten, Gramineen und Ephemerophyten)
  3. Mediterrane Halbwüsten- und Wüstenvegetation;
  4. Kernwüstenvegetation;
  5. Kernwüstenvegetation der Ephemerophyten.
III. Mediterrane Steppenvegetation:
  6. Tieflandsteppenvegetation;
  7. Hochlandsteppenvegetation;
  8. Gras- und niedrige Strauchsteppen kühler Klimate;
  9. Trockene steppenartige Baumfluren;
  10. *Pistacia-Amygdalus*-Formation;
  11. Feuchtere steppenartige Baumfluren kühler Klimate;
  12. Immergrüne mediterrane Eichenstufe.
IV. Hochgebirgssteppen – Grasland:
  13. Grassteppe oberhalb der Waldgrenze;
  14. Plateau- und submontane Steppenformation;
  15. *Pistacia-Amygdalus-Juniperus*-Formation;
  16. *Juniperus-Gramineen*-Steppe;
  17. Eichen-*Juniperus*-Steppe;
  18. Eichen-Kiefernwald-Stufe;
  19. *Cedrus-Abies*-Stufe;
  20. Vegetation kalter Wüsten und Halbwüsten;
  21. Trockene Hindukusch-Gipfel- und Nivalstufe.

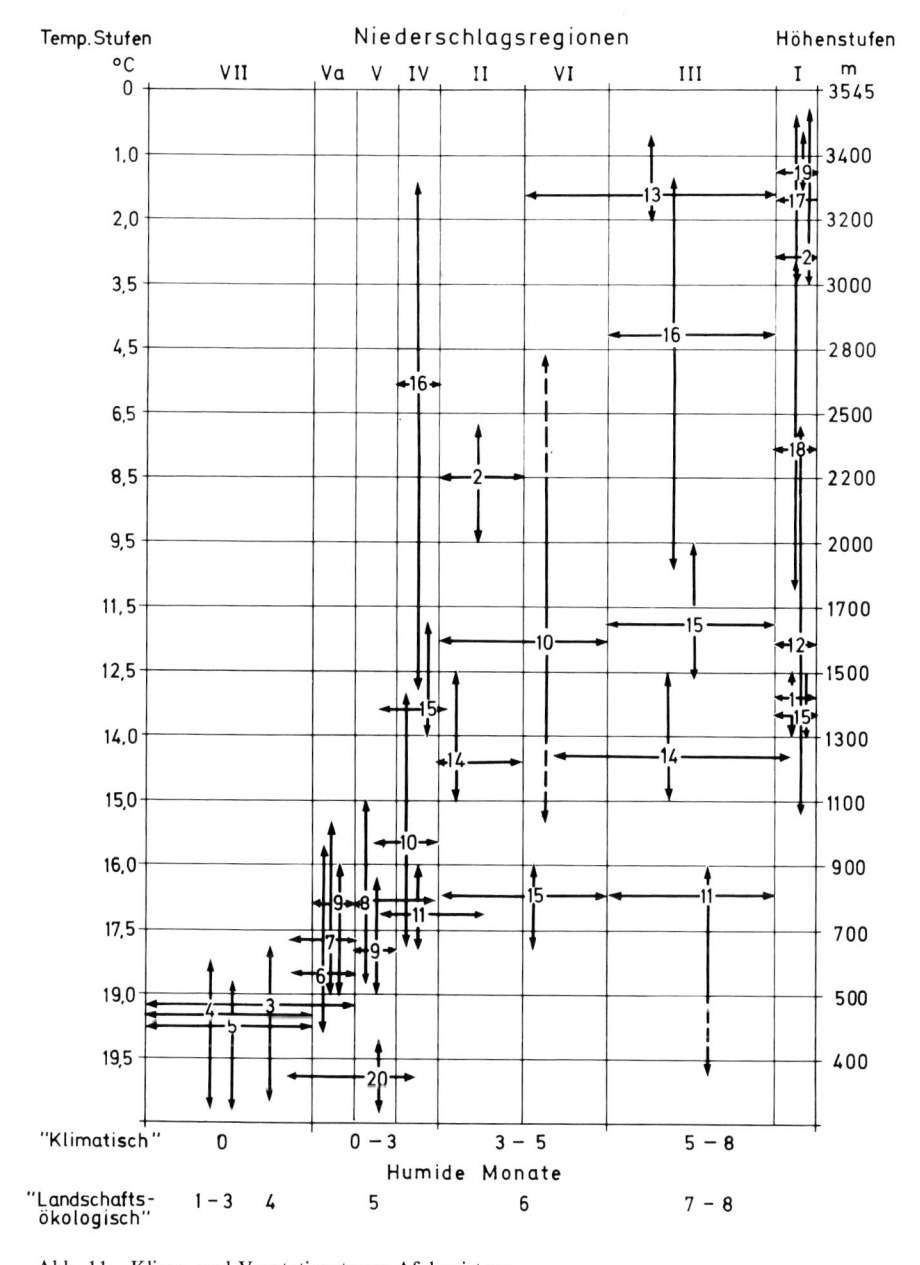

Abb. 11 Klima- und Vegetationstypen Afghanistans
Die Vegetationstypen sind mit Ziffern bezeichnet, die sich auf die Legende der Abb. 10 beziehen. Zu den Niederschlagsregionen vgl. Abb. 1; zu der Anzahl humider Monate vgl. Abb. 2

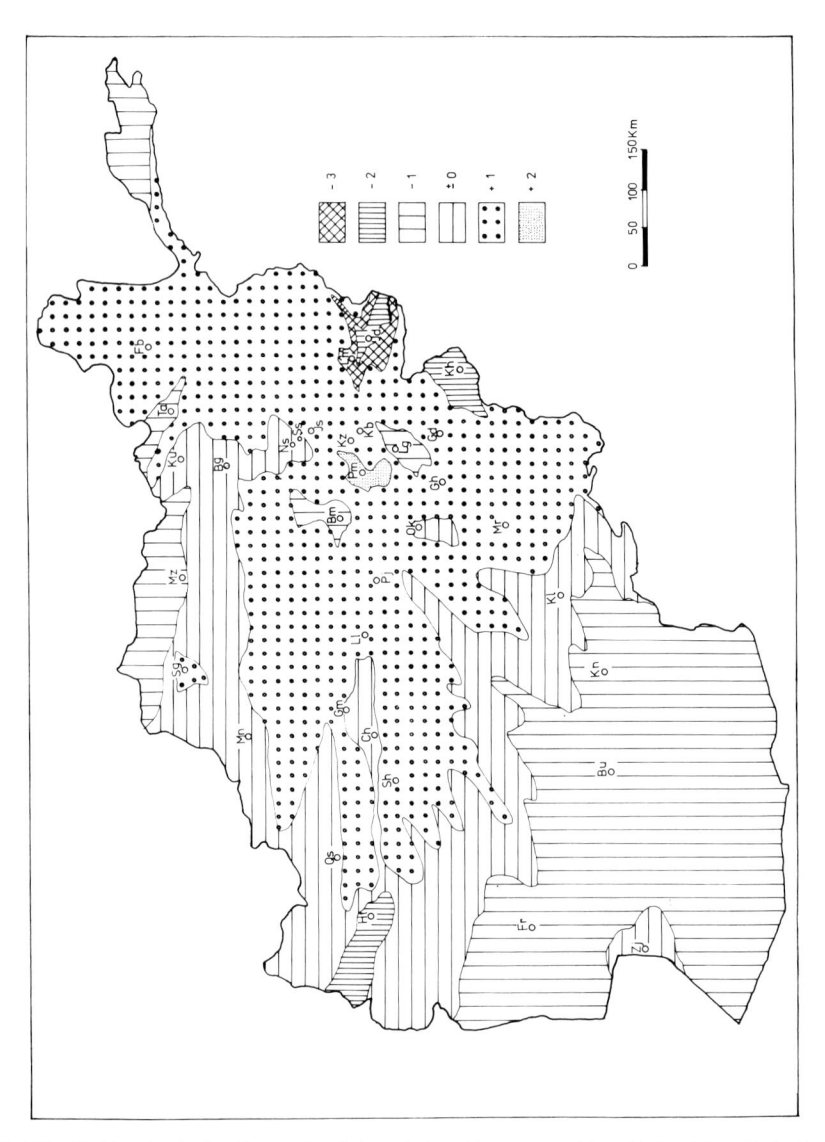

Abb. 12 Residuenkarte der Regression Jahresniederschlagssumme/Anzahl der ‚klimaökologisch' humiden Monate

(Abb. 2) und mit den thermischen Höhenstufen. Es zeigt sich dabei, daß die Vegetationsdifferenzierung in der Horizontalen nicht alleine von der Länge der humiden bzw. ariden Zeit geprägt wird. Entscheidend ist überdies, wie lange und intensiv die Trockenzeit ohne Unterbrechung andauert und in welcher ‚thermischen Phase' des Jahres die humiden Zeiträume auftreten. Das Überdauerungsvermögen der Pflanzen hinsichtlich arider Phasen scheint von der phytischen Konstitution her bedingt zu sein. Waldgesellschaften eignet offenbar das zeitlich geringste Überdauerungsvermögen von Dürren. Mit zurücktretendem Baumwuchs nimmt die Dürreresistenz der Pflanzengesellschaften zu, weil die humide Phase in das Winterhalbjahr fällt.

Es erscheint jedoch auch wesentlich, wieviel Niederschlag in der humiden Zeit fällt, denn ein Wasserüberschuß der humiden Phase kann als Bodenspeicherwasser die aride Phase verkürzen helfen. Eine Residuenkarte (Abb. 12) der Regression Jahresniederschlagssumme/Anzahl der ‚klimaökologisch' humiden Monate macht deutlich, daß gerade die von der Humidität her begünstigten Klimaregionen Afghanistans (I–IV und VI) im Mittel mehr Niederschlag erhalten, als es der Zahl der humiden Monate entspricht. Dort steht also ein Wasserüberschuß zur Verfügung, der die humide Phase edaphisch meist um einen Monat verlängert. Für Wüsten-, Halbwüsten- und Steppenbereiche gilt das Umgekehrte. Dort reicht der Niederschlag nur knapp aus, um die als humid gekennzeichneten Monate als solche erscheinen zu lassen. Ein Wasserüberschuß für die aride Phase steht dort kaum zur Verfügung. Dazu kommt noch ein ‚feedback-Effekt' der Vegetation und des Bodens. Je kürzer die ariden Phasen und je mehr Wasser für sie von den humiden Phasen her zur Verfügung steht, desto dichter ist die Vegetation und desto weniger Wasser fließt ungenutzt oberflächig ab, weil ein gut entwickelter Boden bei hoher Infiltrationskapazität und guter Durchwurzelung viel Wasser zu speichern vermag. In den ariden Räumen ist dagegen die Vegetation weitständiger, der Boden kaum entwickelt, so daß Überschußwasser meist ungenutzt abfließt und höchstens einigen begünstigten Senken eine bessere Wasserversorgung gewährt. So kann es über Vegetationszerstörung und Bodenabtrag im Sinne einer ‚Desertifikation' auch zu einer Ausdehnung arider Phasen kommen, zumal dann bei geminderter Transpiration der Land-Wasserumsatz auf ein niedrigeres Niveau sinkt.

Literaturverzeichnis

Breckle, S. W. (1973): Mikroklimatische Messungen und ökologische Beobachtungen in der alpinen Stufe des afghanischen Hindukusch. Botan. Jahrb., 93, S. 25–55.
Breckle, S. W. (1975): Ökologische Beobachtungen oberhalb der Waldgrenze des Safed-Koh (Ostafghanistan). Vegetatio, Bd. 30, H. 2, S. 89–97.

Essenwanger, O. (1955): Zur Häufigkeitsanalyse meteorologischer Beobachtungen. Zeitschr. f. Meteor., Bd. 9, H. 9, S. 257–266.

Fischer, D. (1970): Waldverbreitung im östlichen Afghanistan. Afghanische Studien, Bd. 2, Meisenheim/Glan.

Flohn, H. (1969): Zum Klima und Wasserhaushalt des Hindukusch und der benachbarten Hochgebirge. Erdkunde, Bd. 23, S. 205–215.

Freitag, H. (1971): Die natürliche Vegetation Afghanistans. Beiträge zur Flora und Vegetation Afghanistans. Vegetatio, Bd. 22, H. 4–5, S. 255–344.

Frey, W./Probst, W./Shaw, A. (1967): Die Vegetation des Jokham-Tales im zentralen afghanischen Hindukusch. Afghanistan Journal, 3, H. 1, S. 16–21.

Gilli, A. (1967): Afghanische Pflanzengesellschaften I. Vegetatio, Bd. 16, S. 307–375.

Gilli, A. (1971): Afghanische Pflanzengesellschaften II. Vegetatio, Bd. 26, S. 199–234.

Grötzbach, E./Rathjens, C. (1969): Die heutige und jungpleistozäne Vergletscherung des afghanischen Hindukusch. Zeitschrift f. Geomorphologie, Bd. 8, S. 58–75.

Husen, C. v. (1967): Klimagliederung in Chile auf der Basis von Häufigkeitsverteilungen der Niederschlagssummen. Freiburger Geographische Hefte, H. 4.

Jentsch, C. (1972): Grundlagen und Möglichkeiten des Regenfeldbaus in Afghanistan. Tagungsber. u. wiss. Abhdl. Deutsch. Geogr. Tag Erlangen-Nürnberg, 1971, Wiesbaden, S. 371–379.

Lalande, P. (1970): Vegetation Map of the Mediterranean Region, Sheet East, FAO/UNESCO.

Lauer, W. (1952): Humide und aride Jahreszeiten in Afrika und Südamerika und ihre Beziehungen zu den Vegetationsgürteln. Bonner Geographische Abhandlungen, H. 9, 1952.

Lauer, W./Frankenberg, P. (1978): Untersuchungen zur Ökoklimatologie des östlichen Mexiko – Erläuterungen zu einer Klimakarte 1:500 000. Colloquium Geographicum Bonn, Bd. 13, S. 1–134.

Nisançi, A. (1973): Studien zu den Niederschlagsverhältnissen in der Türkei unter besonderer Berücksichtigung ihrer Häufigkeitsverteilungen und ihrer Wetterlagenabhängigkeit. Dissertation, Bonn.

Papadakis, J. (1966): Climates of the World and their Agricultural Potentialities. Buenos Aires/Argentine.

Rafiqpoor, M. D. (1979): Niederschlagsanalysen in Afghanistan. Der Versuch einer regionalen kimageographischen Gliederung des Landes. Unveröffentlichte Diplomarbeit am Geographischen Institut der Universität Bonn, Bonn.

Rathjens, C. (1968/69): Verbreitung, Nutzung und Zerstörung der Wälder und Gehölzfluren in Afghanistan. Jahrb. d. Südasieninstitutes, Bd. 3, Heidelberg.

Rathjens, C. (1966): Menschliche Eingriffe in den Wasserhaushalt und ihre Bedeutung für die Trockengebiete (an Beispielen aus Afghanistan und NW-Indien). Nova acta Leopoldina, N.F., Bd. 31, Nr. 176, S. 139 ff.

Rathjens. C. (1972): Fragen der horizontalen und vertikalen Landschaftsgliederung im Hochgebirgssystem des Hindukusch. Erdwissenschaftliche Forschung, Bd. 4, S. 205–220, Wiesbaden.

Rathjens, C. (1972): Das Klima von Afghanistan. Tübingen und Basel.

Rathjens, C. (1975): Witterungsbedingte Schwankungen der Ernährungsbasis in Afghanistan. Erdkunde, Bd. 29, S. 182–188.

Rathjens, C. (1978): Hohe Tagessummen des Niederschlags in Afghanistan. Afghanistan Journal, 5, H. 1, S. 22–25.

Schneider-Carius, K. (1955): Zur Frage der statistischen Behandlung von Niederschlagsbeobachtungen. Zeitschr. f. Meteor., Bd. 9, H. 5, S. 129–135; H. 7, S. 193–202; H. 10, S. 299–300.

Schneider-Carius, K. (1955): Statistische Begründung der Regel zur Reduktion von Niederschlagsreihen. Zeitschr. f. Meteor., Bd. 9, H. 10, S. 301–302.

Schneider-Carius, K. (1955): Die Niederschlagswahrscheinlichkeit als kennzeichnende Größe in einer Darstellung der Physiognomie der Niederschläge. Zeitschr. f. Meteor., Bd. 9, H. 6, S. 161–169.

Sivall, T. R. (1977): Synoptic-climatological study of the Asian summer monsoon in Afghanistan. Geografiska Annaler, Bd. 59, Nr. 1/2, S. 67–87.

Stenz, E. (1946): The climate of Afghanistan: Its aridity, dryness and divisions. Polish Institute of Arts and Science in America, New York.

Troll, C. (1966): Der asymmetrische Aufbau der Vegetationszonen auf der Nord- und Südhalbkugel. in: Ökologische Landschaftsforschung und vergleichende Hochgebirgsforschung, Erdkundliches Wissen, Bd. 11, Wiesbaden, S. 152–180.

Volk, O. H. (1954): Klima und Pflanzenverbreitung in Afghanistan. Vegetatio, Bd. 5/6, S. 422–433.

Zur floristischen Differenzierung des Xizang-Plateaus (Tibet)

PETER FRANKENBERG und ZHENG DU

Zielsetzung

Es ist das Ziel der folgenden Abhandlung, eine quantitativ fundierte Differenzierung des Xizang-Plateaus nach den Arealtypen seiner Flora zu geben und diese Differenzierung von den klimatischen Gegebenheiten her zu begründen. Dabei wird auf eine Methode zurückgegriffen, die Frankenberg (1978a, 1978b) zur floristischen Differenzierung der Sahara erarbeitet hat. Sie fußt auf dem Gedanken, die Dominanz der Arten eines Geoelementes als Differenzierungskriterium der Pflanzenwelt heranzuziehen.

Landschaftsaufbau des Xizang-Plateaus

Tibet bietet sich wie die Sahara als ein besonders attraktiver Raum floristischer Differenzierung an. Trennt die Sahara als ein klimatisch arider Raum Holarktis und Paläotropis, so erhebt sich Tibet als ein riesiger Hochlandblock zwischen dem nördlichen und dem südlichen Florenreich. Ähnlich der Sahara, so eignet auch dieser Gebirgsbarriere eine eigenständige Flora, die sippengenetisch der Holarktis zuzurechnen, arealtypisch jedoch autonom ist. Von Norden her schieben sich nördliche Florenelemente auf das Hochland, von Süden her brandet eine paläotropische Flora an die steile Gebirgsbarriere des Himalaya und strömt gleichsam in einigen Durchbruchstälern linienhaft nach Norden ein.

Ist die Sahara topographisch zu beiden Florenreichen hin offen, so stellt das Himalayagebirge am Südrand des Xizang-Plateaus und vor allem das Kunlun-Gebirge an seinem Nordrand eine markante Verbreitungsschranke paläotropischer und nördlicher Geoelemente dar. Tibet ist daher weniger ein floristischer Mischungsraum als es die Sahara ist. Eher wäre es mit dem mexikanischen Hochland vergleichbar (vgl. Lauer, 1973 und Lauer & Frankenberg, 1978). Auch dort grenzt eine tropisch feuchte Tieflandsflora an der Sierra Madre Oriental relativ scharf an eine im wesentlichen holarktische Flora der Hochplateaus und der ihnen aufgesetzten Vulkangebirge. Nach Norden hin ist diese mexikanische Meseta jedoch offener als das tibetanische Hochland. Wie in der Himalayaregion, so folgen auch in Mexiko holarktische Gattungen wie *Pinus, Abies* und *Quercus* auf die tropische Tieflandsflora. Liegt in den inneren Tropen über der warmtropischen Flora-Stufe eine kalttropische, so folgt am Rande der Tropen in der Vertikalen auf die Warmtropen eine holarktische Waldflora. Die Warmtropengrenze geht also in Form einer Kalotte in der Vertikalen in eine Kalttropengrenze über (vgl. Lauer, 1975).

Das tibetanische Hochland wird im Süden vom Himalaya, im Norden durch die Ketten von Kunlun und Qilian begrenzt, die jeweils ost-west streichen. Nur im Südosten biegen die Gebirgszüge in eine Nord-Süd-Richtung um und gestatten so das Vordringen tropischer Geoelemente nach Norden (Hengduan Berge). Profilschnitte durch das tibetanische Hochland nach Zheng, Zhang und Yang (1981) verdeutlichen den Landschaftsaufbau der Xizang-Region. Die Abb. 1 zeigt einen landschaftsökologischen Profilschnitt durch das Xizang- und Qinghai-Plateau entlang dem 95. Längengrad bei nach Norden zurückgehenden Niederschlagsmengen. Entsprechend erfolgt im Vegetationsbesatz ein Übergang vom tropischen Regenwald

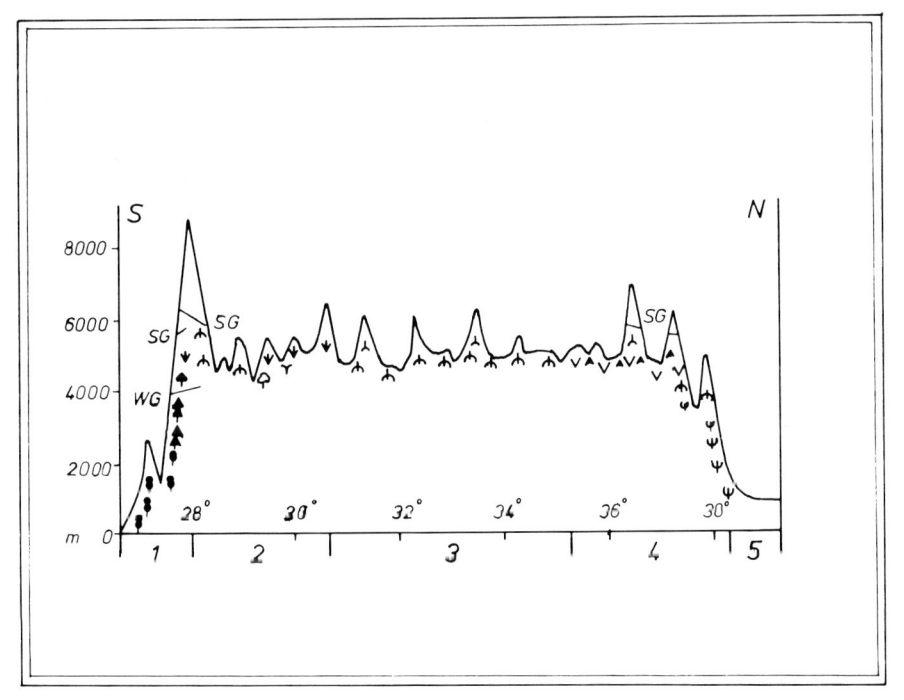

Abb. 1 Vegetationsprofil durch Tibet entlang dem 95. Längengrad (E) (nach: Zheng, Zhang, Yang, 1981)

1 = Tropischer und subtropischer Wald
2 = Nadelwald
3 = Alpine Gebüschfluren und Matten
4 = Alpine Matten und Steppe
5 = Alpine Steppen und Wüsten
SG = Schneegrenze
WG = Waldgrenze

über die montane Koniferenstufe, die alpine Strauch- und Mattenstufe in die relativ trockene alpine Steppe. Der tropische Regenwald dringt vor allem in den Bereichen des Yarlung Zangbo-Durchbruches weit gegen das Hochland vor (vgl. Schweinfurth 1957a und 1957b). Die feuchte Durchbruchsschlucht des Yarlung Zangbo reicht bis an die Stelle, an der der Fluß endgültig seine Nord-Süd-Richtung verläßt und parallel zum Himalaya von Westen nach Osten fließt (Gyala). In der feuchteren Yarlung Zangbo-Schlucht folgt nach oben ein tropischer Bergwald, in dem neben Baumfarnen und *Castanopsis* bereits *Cyclobalanopsis* auftritt. Hier mischen sich tropische und holarktische Geoelemente. In der darauffolgenden Höhen- und Nebelwaldstufe herrschen als Bäume *Cyclobalanopsis*, *Lithocarpus*, *Magnolia* und *Acer* vor. Darüber dominieren *Tsuga* und *Abies*. Rhododendron wird im Koniferen-Höhenwald immer mehr vorherrschend und den Aspekt bestimmend. Im oberen Teil des Yarlung Zangbo-Tales besteht ein Kiefernwald den Talgrund. Die alpine Stufe und die Koniferenstufe (*Abies*) sind feuchter ausgebildet (zu den Trockentaleffekten vgl. Schweinfurth 1956). Bis 93° Länge überwiegen in dem Yarlung Zangbo-Tal die Gattungen *Juniperus* und *Pinus* nach Westen hin. Mit der zunehmenden Höhe und den arider werdenden Bedingungen setzt immer mehr die typische Vegetation des tibetanischen Hochlandes ein mit ihren Dornbüschen, den Halbkugelsträuchern (*Astragalus*) und *Hippophae* an den Bachläufen. Ähnlich wie in der Yarlung Zangbo-Talung dringt in der Lohit-Schlucht das tropische Florenelement nach Norden gegen das Hochland vor. Am nördlichen Talschluß vollzieht sich ein markanter Vegetationswechsel zu alpinen Steppen und Matten des Plateaus. In diese nord-süd-orientierten Talschluchten vermag der Monsun einzudringen und die Feuchtigkeit zum Gedeihen tropischer Regenwälder einzubringen.

Der zweite Profilschnitt durch das Xizang-Plateau wurde in 87° Länge gelegt. Er zeigt von Süden nach Norden (vgl. Abb. 2) den Vegetationswandel von Wald zu montaner Steppe, zu einer alpinen Steppe des Hochlandes bis hin zu den Gebirgswüsten im Bereich des Kunlun-Gebirges. Deutlich wird der blockartige Charakter des Xizang-Hochlandes und seine scharfe Begrenzung durch randlich aufgefaltete Gebirgszüge. Mit den Niederschlägen geht von Süden nach Norden auch die Temperatur zurück, während die Schneegrenze ansteigt. Es wird nach Norden zunehmend kälter und trockener.

In diese Abfolge von tropischer Feuchtflora des Südostens bis zu einer alpinen Steppe des Nordwestens Vegetationsgrenzen zu ziehen, erscheint eine reizvolle Aufgabe. Der Florenwandel erfolgt nämlich mehr oder weniger kontinuierlich, wenn auch der Kontrast zwischen der Pflanzenwelt der feuchten Schluchten des Südostens und der Vegetation des Hochlandes physiognomisch scharf ausgeprägt ist. Allerdings bestehen selbst in diesem Übergangsraum Verzahnungen: Sträucher des Hochlandes, so *Berberis*, finden sich in den Schluchten, und Gehölze der Tal-

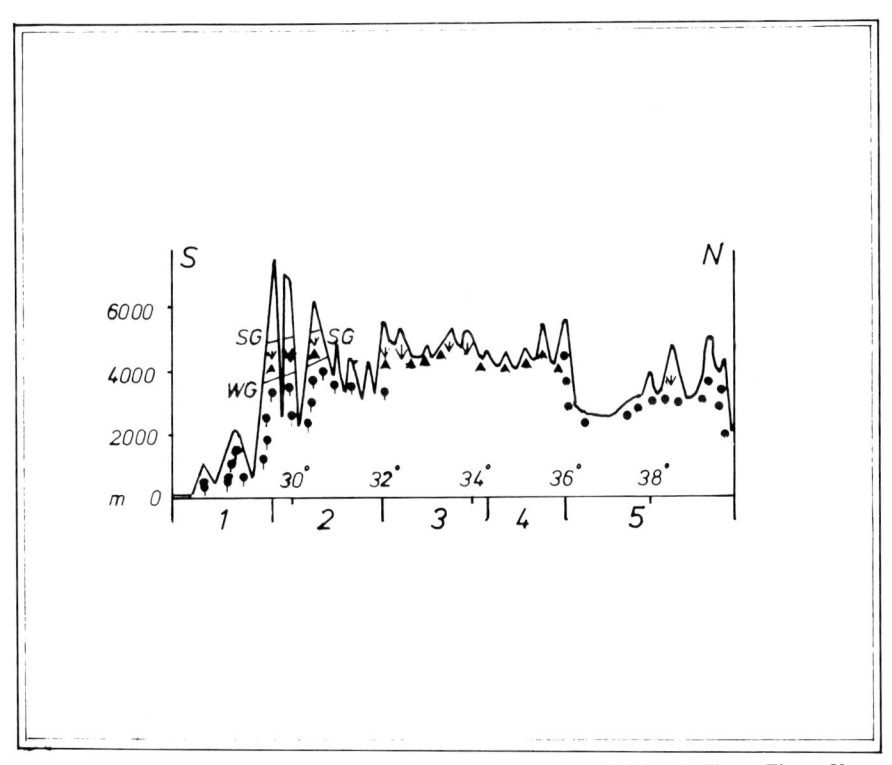

Abb. 2 Vegetationsprofil durch Tibet entlang dem 87. Längengrad (E) (nach: Zheng, Zhang, Yang, 1981)

1 = Himalayischer Wald
2 = Montane Gebüschsteppe
3 = Alpine Steppe
4 = Alpine Wüste (Kunlun)
5 = Wüste des Tarim-Beckens
WG = Waldgrenze
SG = Schneegrenze

schluchten (*Sabina*) prägen teilweise die Vegetation des Hochlandes. Eine floristische Grenzziehung in diesen Kontinua sollte möglichst objektiv erfolgen. Als eine numerische Indizierung des Pflanzenbesatzes bieten sich in einem Übergangsraum verschiedener Florenreiche die Geoelemente an (vgl. Frankenberg, 1982).

Methode und Grundlagenmaterial

Nach der Erstellung eines Floreninventars des tibetanischen Hochlandes (vgl. Academia Sinica, 1980 und andere Arbeiten, so von Zheng) konnte der Artenbesatz einer Vielzahl von Standorten des Xizang-Plateaus zusammengestellt werden. Als normierte Raumeinheiten dienten dazu 40 × 40 km Quadrate, die in einem Gitternetz angeordnet sind. Diese Gitternetzgröße garantiert eine noch repräsentative

Artenzahl für eine Vielzahl von Raumeinheiten. Die Gitternetzeinheit ist dennoch nicht so groß, daß sie zu unterschiedliche topographische Räume integrierte. Dennoch ist es für die stark reliefierten Teile des Untersuchungsraumes nicht vermeidbar gewesen, daß die Flora verschiedener Höhenstufen in einer Gitternetzeinheit zusammengefaßt wurde. Insofern stellt diese Analyse eine vertikale Integration des Vegetationsbesatzes dar.

Die im Untersuchungsraum des Xizang-Plateaus entsprechend den Florenlisten vorkommenden Spermatophytenarten sind Geoelementen zugeordnet worden, um für jeden Standort ein Arealtypenspektrum als numerischen Ausdruck der an ihm vertretenen Flora berechnen zu können. Das Arealtypenspektrum repräsentiert die relativen Anteile der Arten der einzelnen Geoelemente an der Gesamtartenzahl des betreffenden Standortes (Gitternetzeinheit). Nach Hauptverbreitungstypen wurden die Spermatophytenarten des Untersuchungsraumes folgenden Geoelementen zugeordnet (vgl. dazu auch Wu Zheng-Yi, 1981):

1. Nördliches Geoelement (N)   (holarktisch)
2. Zentralasiatisches Geoelement (Z)   (holarktisch)
3. Tibetanisches Geoelement (T)   (holarktisch)
4. Sino-Himalayisches Geoelement (SH)   (holarktisch)
5. Indo-Malayisches Geoelement (I)   (paläotropisch);

überdies wurden nach sippengenetischen Verwandtschaftsbeziehungen drei lokalendemische Genoelemente unterschieden:

1. Nördlich-Endemisches Genoelement (eN)
2. Sino-Himalayisch-endemisches Genoelement (eSH)
3. Indo-Malayisch-endemisches Genoelement (eI)

Das *Nördliche Geoelement* (N) weist seine Hauptverbreitungsgebiete in den klimatisch temperierten bis borealen Regionen Eurasiens und Nordamerikas aus. Dazu sind auch arktisch-alpine Arten gerechnet worden, um in dieser Studie die Zahl der Geoelemente nicht unübersichtlich groß werden zu lassen. Das Nördliche Geoelement stellt 7,36 % der tibetanischen Flora, einschließlich seiner Endemiten (eN) sogar 16,9 %. Charakterarten dieses Geoelementes sind: *Potentilla fruticosa*, *Festuca ovina* und *Polygonum viviparium*. Überdies können als weitere typische Spezies genannt werden: *Iris lactea*, *Thalictrum alpinum*, *Oxyria dignya*, *Myricaria germanica* und *Caragana jubata* als weitverbreitete Spezies des Nördlichen Geoelementes.

Das *Zentralasiatische Geoelement* (Z) integriert hauptsächlich die Arten des inneren ariden Asiens, die zum Teil auch in den mediterranen Raum ausstrahlen. Zu diesem Florenelement gehören ca. 7 % der Spermatophytenarten des Untersuchungsraumes. Als sehr charakteristische Arten dieses Elements können *Ceratioides latens* und *Kobresia royleana* angesehen werden. Überdies sind als typische

Vertreter der Zentralasiatischen Flora zu nennen: *Ajana fruticulosa, Stipa glareosa, Stipa gobica, Bassia dasyphylla, Cristolea crassifolia* und *Artemisia persica*. Es handelt sich um Arten kühler bis kalter Wüstensteppen und Wüsten.

Das eigenständige *Tibetanische Geoelement* (T) inkorporiert als ein im übergeordneten Sinne endemisches Element alle Spezies, die ihre Arealschwerpunkte in dem Untersuchungsraum des Xizang-Plateaus selbst aufweisen. Das Element steht sippengenetisch dem Zentralasiatischen Geoelement nahe. Es ist das Element der alpinen Steppen und Matten Tibets. Vornehmliche Charakterarten dieses Geoelementes im Raume des Xizang-Plateaus sind: *Stipa purpurea, Orinus thoroldii, Artemisia wellbyi, Ceratoides compacta, Dracocephalum tanguticum* und *Sophora moorcroftiana*. Insgesamt stellt das Tibetanische Geoelement (T) 5,8 % der Spermatophytenarten des Untersuchungsraumes.

Das *Sino-Himalayische Geoelement* (SH) entspricht weitgehend dem ostasiatischen Geoelement nach Wu Zheng-Yi (1981). Es weist die Hauptverbreitung seiner zugehörigen Arten im Himalaya und den Gebirgsräumen des westlichen China und Indochina aus. Es ist ein sehr artenreiches Geoelement und stellt vor allem viele Baumspezies. Mit 54 % gehört mehr als die Hälfte der Pflanzenarten des Untersuchungsraumes diesem Arealtypus an. Ein bekanntes Charakterelement dieser Flora ist die Gattung Rhododendron. Sie enthält alleine 170 Spezies. Andere typische Vertreter dieses Sino-Himalayischen Geoelementes sind im Untersuchungsraum des tibetanischen Plateaus: *Lyonia ovalifolia, Pinus densata* und *Pinus griffithii*. Als weitere häufige Baumgattungen dieser Flora gelten: *Abies, Tsuga, Picea, Larix, Quercus* und *Cyclobalanopsis*. Sie weisen die Sino-Himalayische Flora als dominant holarktisch aus. Es handelt sich vorwiegend um Leitarten der Koniferen-Waldstufe (vgl. Schweinfurth, 1957).

Das *Indo-Malayische Geoelement* (I) stellt eine auch genotypisch der Paläotropis zuzuordnende Flora. Es trägt mit 13 % zu der Artzahl des Untersuchungsraumes bei und ist vor allem in den tieferen Tallagen in den immergrünen oder halbimmergrünen Regen- und auch den Bergwäldern der Talschluchten des Südostens verbreitet. Es herrscht dort bis ca. 1800 m Meereshöhe vor. Seine typischen Vertreter gehören zu den Gattungen *Castanopsis, Sherea* und *Bombax*. Mit *Dipterocarpos turbinatus* gesellt sich ein Vertreter des malayischen Dipterocarpaceenwaldes dazu (vgl. Stein, 1978).

Die *endemischen Florenelemente* (eN, eSH, eI) sind als Lokalendemiten definiert. Die Nördlichen Endemiten (eN) stellen immerhin 9,5 % der Spezies des Untersuchungsraumes, während die Artenzahlen der Endemiten des Sino-Himalayischen (eSH) und des Indo-Malayischen (eI) Geoelementes nicht einmal jeweils 2 % der Spezies von Tibet stellen.

Für jedes Gitterquadrat des 40 x 40 km Gitternetzes, für das eine ausreichende Anzahl von Pflanzenarten hat festgestellt werden können, wurde der prozentuale Anteil der Arten eines jeden Geoelementes an der Gesamtartenzahl des Standortes berechnet. Die einzelnen.prozentualen Anteile der Geoelemente machen das Arealtypenspektrum des betreffenden Standortes aus.

Es soll nun festgestellt werden, welche Räume vornehmlich von welchen Geoelementen geprägt sind. Die prozentualen Anteile der einzelnen Geoelemente an der Gesamtartenzahl der Standorte weisen einen relativ kontinuierlichen Wandel im Untersuchungsraum auf. Dies erschwert eine Grenzziehung. Über die Faktorwerte einer Hauptkomponentenanalyse der Geoelemente hat eine von subjektiven Eindrücken weitgehend freie Grenzziehung in dem kontinuierlichen Wandel der Arealtypenspektren-Anteile erreicht werden können.

Dazu wurde die Datenmatrix der 8 Geoelemente über 296 Standorte (Gitterquadrate) einer Hauptkomponentenanalyse unterzogen, bei der die Geoelemente die Variablen und die Standorte (Gitterquadrate) als Raumeinheiten die Fälle stellen. Die Isolinien der Faktorwerte dieser Hauptkomponentenanalyse dienen der Darstellung der Repräsentanz der Faktoren (Geoelementkomplexe) im Raum. Die Gleichgewichtslinie positiver und negativer Faktorwerte ist als eine entscheidende Grenzlinie der Ausprägung verschiedener Geoelementkomplexe im Untersuchungsraum anzusehen (vgl. Klaus & Frankenberg, 1980).

Zur klimaökologischen Interpretation der Repräsentanz der Geoelementanteile im Untersuchungsraum sind die relativen Anteile der einzelnen Geoelemente an der Gesamtartenzahl ihres Standortes über eine schrittweise multiple Regressionsanalyse mit Klimawerten ökologischer Signifikanz in Beziehung gesetzt worden. Dies konnte für die Arealtypenspektren von 33 Standorten geschehen, in deren Gitternetzeinheiten eine für den Raum repräsentative Klimastation gelegen war, an der über mindestens 10 Jahre Beobachtungen durchgeführt worden sind.

Das florengeographische Raummuster

Die Hauptkomponentenanalyse der 8 Geoelemente (Variable) über 296 Standorte (Fälle) erbrachte 3 Faktoren mit einem Eigenwert > 1, der als Extrahierungskriterium gesetzt wurde. Die drei extrahierten Faktoren erklären zusammen ca. 77 % der Gesamtvarianz des Datensatzes. Der *erste Faktor* (Abb. 3) lädt das Tibetanische (T) und das Zentralasiatische Geoelement (Z) hoch positiv sowie das Sino-Himalayische Geoelement (SH) hoch negativ. Diese drei Elemente charakterisieren den ersten Faktor der Hauptkomponentenanalyse der Geoelemente. Er erklärt 41,5 % der Gesamtvarianz. Auf ihm erweisen sich die Raumstrukturen der relativen Anteile der Tibetanischen und der Zentralasiatischen Arten so ähnlich, daß sie zu einem Geoelementkomplex integriert werden können. Dem ist die Verbreitung

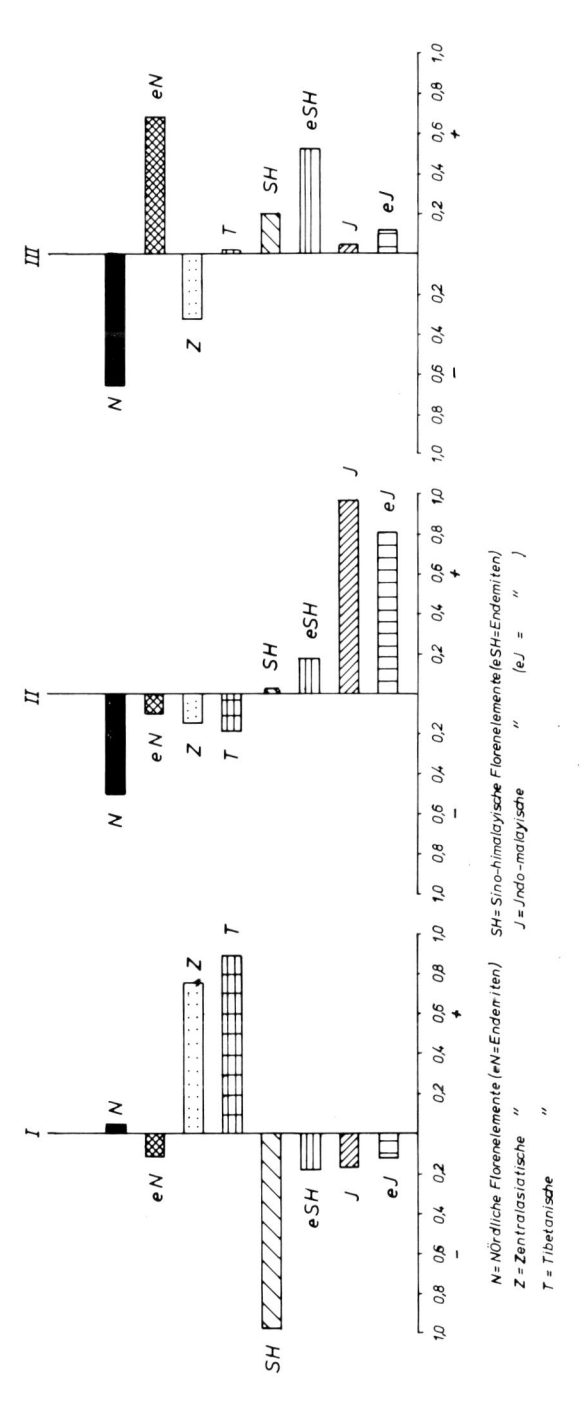

Abb. 3 Faktorladungen der ersten drei Faktoren der Hauptkomponentenanalyse der Geo- und Genoelemente der Tibetanischen Flora

der relativen Anteile des Sino-Himalayischen Geoelementes (SH) im Untersuchungsraum sehr unähnlich.

Der *zweite Faktor* (vgl. Ab.b. 3) lädt das Indo-Malayische Geo- und auch das entsprechende Genoelement sehr hoch positiv, hoch negativ dagegen das Nördliche Geoelement. Beide Elemente weisen demnach sehr unähnliche Raummuster ihrer relativen Anteile im Untersuchungsraum auf. Dieser 2. Faktor erklärt 20 % der Gesamtvarianz des floristischen Datensatzes.

Den *dritten Faktor* (vgl. Abb. 3) der Hauptkomponentenanalyse der Geo- und Genoelemente charakterisieren vor allem die Nördlichen (eN) und die Sino-Himalayischen Endemiten (eSH) positiv. Negativ laden Nördliche (N) und Zentralasiatische Spezies (Z). Beiden Artengruppen-Komplexen eignen demnach gravierende Verbreitungsdifferenzen.

Die Raumstruktur der Faktorwerte dieser drei Faktoren weist ihre Repräsentanz im Untersuchungsraum aus. Der erste Faktor der Hauptkomponentenanalyse der Geo- und Genoelemente integrierte positiv Tibetanische (T) und Zentralasiatische Arten (T + Z). Positive Faktorwerte dieses Faktors besagen daher, daß die entsprechend gekennzeichneten Raumeinheiten von diesem Geoelementkomplex geprägt sind (vgl. Abb. 4). Die Sino-Himalayischen Arten lädt der erste Faktor hoch negativ. Negative Faktorwerte kennzeichnen daher Räume der prägenden Repräsentanz dieser Artengruppe. Je höher die Faktorwerte sich jeweils darstellen, desto ausgeprägter gilt die Repräsentanz der angeführten Geoelemente in den entsprechenden Räumen. Die Gleichgewichtslinie zwischen positiven und negativen Faktorwerten trennt den Raum der Prägung durch Sino-Himalayische Arten (SH) von dem Raum der Prägung durch Zentralasiatische und Tibetanische Arten (Z + T). Diese Gleichgewichtslinie (vgl. Abb. 4) scheidet den Osten und äußersten Süden der Xizang-Region von seinem plateauartigen Norden und Westen sowie von dem Qinghai-Plateau. Es sind vor allem die scharf reliefierten tertiären Faltengebirgsräume des Himalaya-Systems, die ost-west streichen und die eher nord-süd streichenden Gebirge des Nyainqêntanglha und des Henghduan Shan mit ihren tief eingeschnittenen Talfurchen, so des Yarlung Zangbo, die bis in die Höhe von Lhasa florengeographisch Sino-Himalayisch geprägt sind. Die höchsten negativen Faktorwerte, das heißt die markanteste Ausprägung des Sino-Himalayischen Geoelementes im Raum, eignet dem Himalaya in seinen südlichen Teilen und den höheren Reliefeinheiten der östlichen Gebirge. Eine relativ geringe Ausprägung dieses montanen Geoelementes erweisen im Osten des Untersuchungsraumes die Unterläufe der hier nord-süd-orientierten Talfurchen. Dies gilt besonders für das Yarlung Zangbo-Tal unterhalb von Mêdog (vgl. jeweils Abb. 4). Das Sino-Himalayische Geoelement prägt demnach vor allem die höheren Reliefteile der feuchteren südöstlichen Gebirge Tibets. So erweist sich auch der trockenere westliche Himalaya, etwa westlich

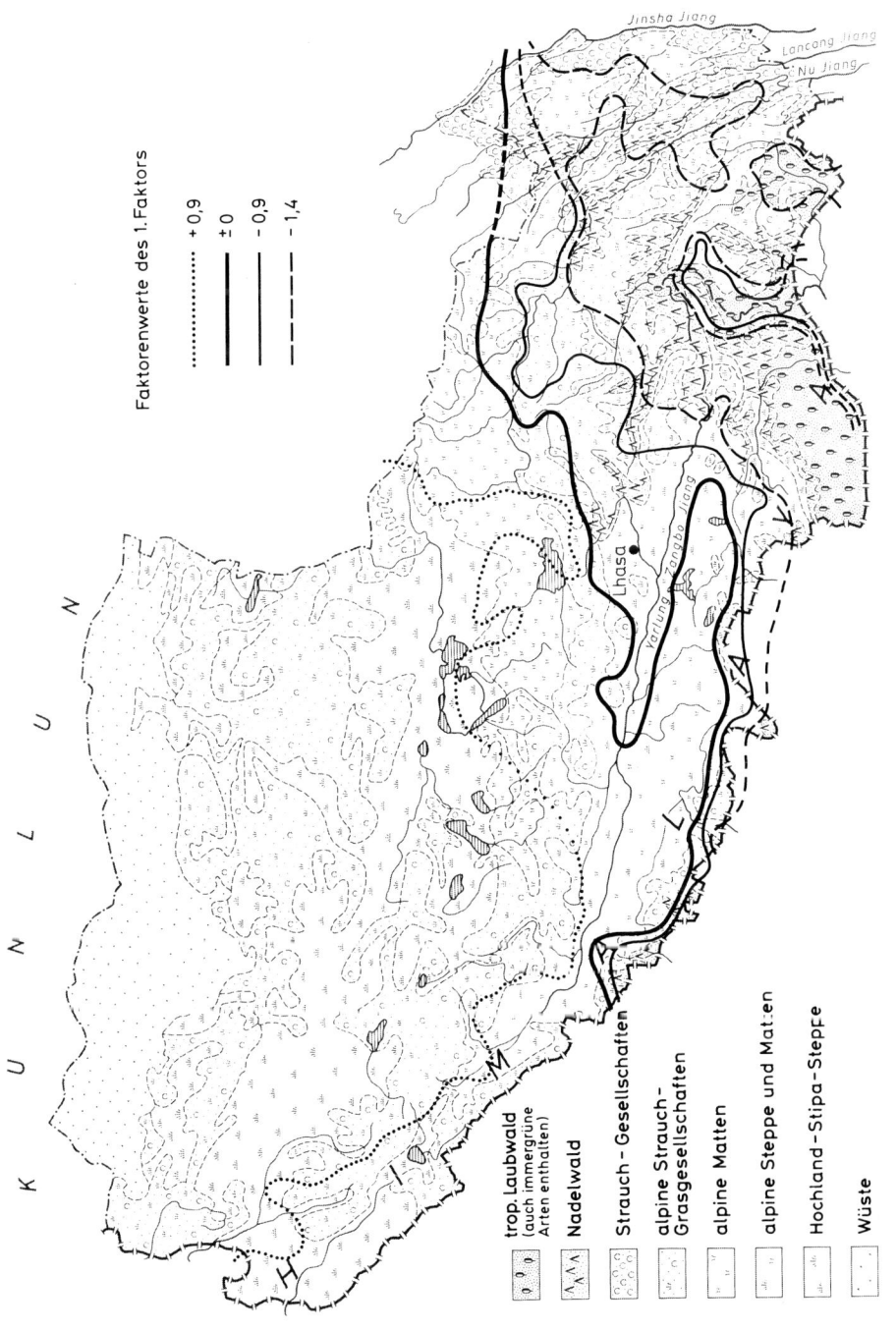

Zur floristischen Differenzierung des Xizang-Plateaus (Tibet) 81

Abb. 4 Faktorwerte des ersten Faktors der Hauptkomponentenanalyse zur Tibetanischen Flora

des 8012 m hohen Xixabangma, florengeographisch nicht mehr Sino-Himalayisch charakterisiert. Am Xixabangma verläuft die Scheidelinie zwischen einem trockeneren westlichen und einem feuchteren östlichen Himalaya.

Der aridere Westen und Norden des Xizang-Plateaus ist jenseits der Gleichgewichtslinie von Sino-Himalayischer und Zentralasiatischer bzw. Tibetanischer Flora weitflächig und homogen durch den letztgenannten Geoelementkomplex geprägt. Dies gilt besonders für das engere Hochplateau mit seinen kühl-ariden Klimabedingungen.

Stellt der erste Faktor der Hauptkomponentenanalyse der Geo- und der Genoelemente das montane Sino-Himalayische Geoelement gleichsam den Zentralasiatischen und Tibetanischen Arten, also ebenfalls montanen Elementen gegenüber, so kontrastiert der 2. Faktor Tieflandselemente, die von Norden und von Süden her Eingang in die Gebirgsregionen Tibets gefunden haben. Der 2. Faktor der Hauptkomponentenanalyse der Geo- und Genoelemente lädt das Indo-Malayische Geo- und Genoelement (I + eI) hoch positiv, entsprechend negativ dagegen Nördliche Spezies. Die Karte der Faktorwerte des zweiten Faktors der Hauptkomponentenanalyse der Geo- und Genoelemente (vgl. Abb. 5) weist mit positiven Faktorwerten Räume aus, die vornehmlich paläotropisch geprägt sind. Mit negativen Faktorwerten läßt die Karte Räume der besonderen Prägung durch Nördliche Arten hervortreten. Dazwischen steht die Gleichgewichtslinie Nördlicher (N), also ausgesprochen holarktischer, und Indo-Malayischer, also ausgesprochen paläotropischer Flora. Diese Gleichgewichtslinie kann als Begrenzungssaum der paläotropischen Flora und damit als eine florengeographische Tropengrenze gegen die Nördliche Flora angesehen werden. Sie abstrahiert damit weitgehend die Repräsentanz der übrigen Geo- und Genoelemente. Am eindeutigsten umgrenzt diese Linie die feucht-warmen Stromfurchen des Südostens. In diesen Durchbruchstälern, vor allem in dem des Yarlung Zangbo, sind die höchsten positiven Faktorwerte zu verzeichnen, also die eindeutigste Repräsentanz der Indo-Malayischen Arten. Am ausgeprägtesten gilt dies für die Yarlung Zangbo-Schlucht unterhalb von Mêdog. Die Gleichgewichtslinie Nördlicher und Indo-Malayischer Flora quert das Yarlung Zangbo-Tal bei Gyala. Dies entpricht dem von Schweinfurth konstatierten Übergang von dem feuchten unteren Durchbruchstal des Yarlung Zangbo mit seinem tropischen Regen- und Bergwald zu den trockeneren oberen Talabschnitten mit ihren Koniferenwäldern. Die statistisch ermittelte Scheidelinie drückt sich damit auch im Landschaftsbild markant aus.

Nur dieser südöstliche Raum der Stromfurchen weist eine deutlich ausgeprägte Dominanz tropischer Flora auf. Daneben erweist sich in einzelnen Talfurchen-Systemen des Tibetanischen Plateaus eine noch schwach ausgeprägte dominierende Repräsentanz der Indo-Malayischen Arten gegenüber den Nördlichen Spezies. Es

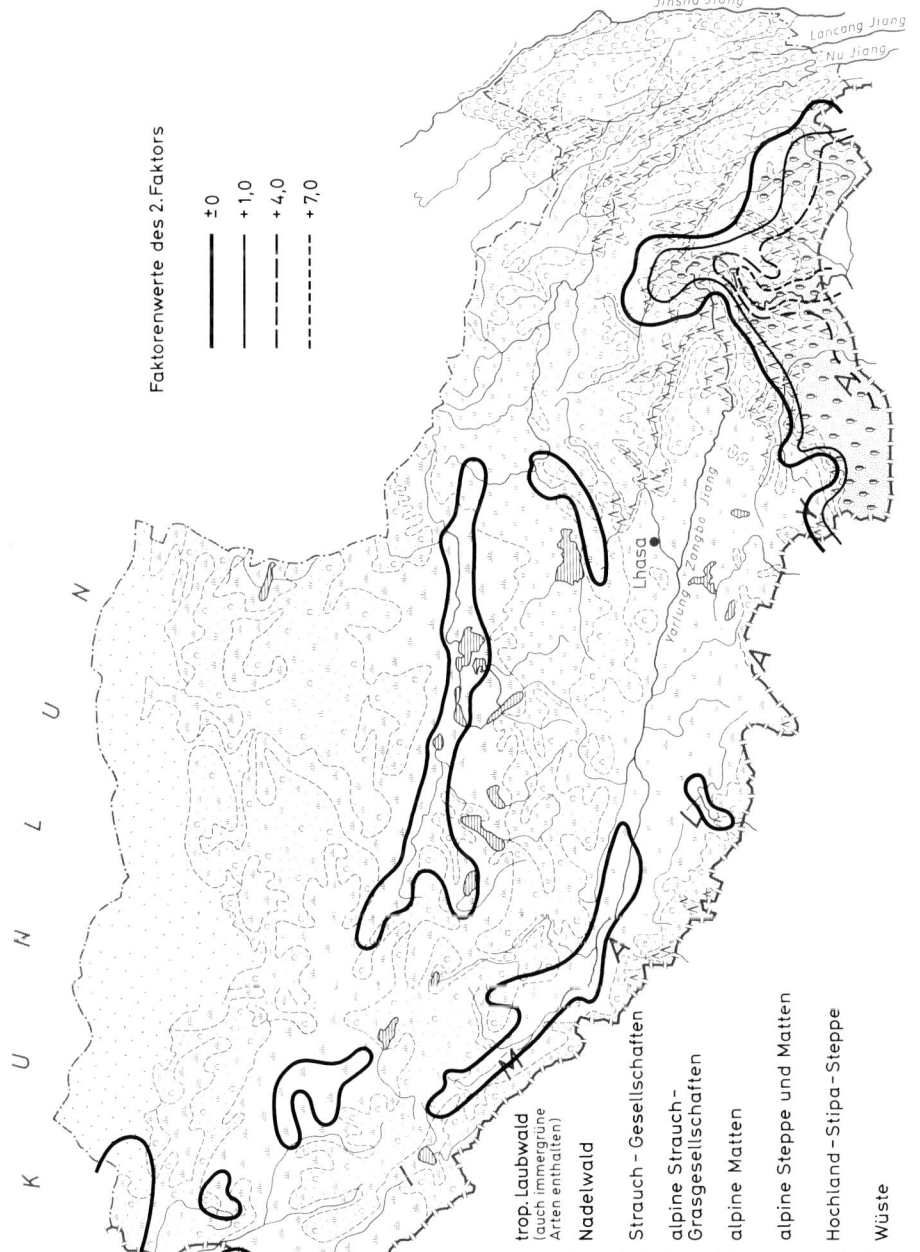

Abb. 5   Faktorwerte des zweiten Faktors der Hauptkomponentenanalyse zur Tibetanischen Flora

sind dies Räume gerade noch positiver Faktorwerte (um 0,1). Dazu gehören der Oberlauf des Yarlung Zangbo etwa zwischen Lhazê und der Quelle und eine zweite, nördlichere, zonal orientierte Senkenregion des endorheischen Raumes zwischen Gêrzê und Nagqu. Diese Senkenregion stellt eine der wichtigsten Durchgangslandschaften dar und ist von einer Vielzahl von Endseen markiert.

Das Nördliche Geoelement erweist nirgendwo einen wirklichen Schwerpunkt seiner Repräsentanz im Untersuchungsraum. Der Gebirgsblock Tibets öffnet sich nach Norden weniger durch Talfurchen wie im Südosten. Daher existieren keine Leitlinien der Habitate Nördlicher Geoelemente.

Der dritte Faktor der Hauptkomponentenanalyse der Geo- und Genoelemente faßt vor allem Endemiten-Elemente zusammen. Ihre Repräsentanz im Untersuchungsraum ist jedoch klimaökologisch weniger aussagekräftig, so daß hier auf die Wiedergabe der entsprechenden Faktorwerte verzichtet wird.

Es ist damit die floristische Prägung des Tibetanischen Plateaus in ihrer chorologischen Struktur weitgehend dargestellt. Es bleibt nun, die eventuelle klimatische Begründung der Verbreitung der Florenelemente zu prüfen.

Beziehungen zwischen Flora und Klima

Die Karte des mittleren jährlichen Niederschlagsaufkommens des Untersuchungsraumes (vgl. Abb. 6) macht bereits deutlich, daß in Tibet ein feuchter Südosten, geprägt von Indo-Malayischer und Sino-Himalayischer Flora in einen immer

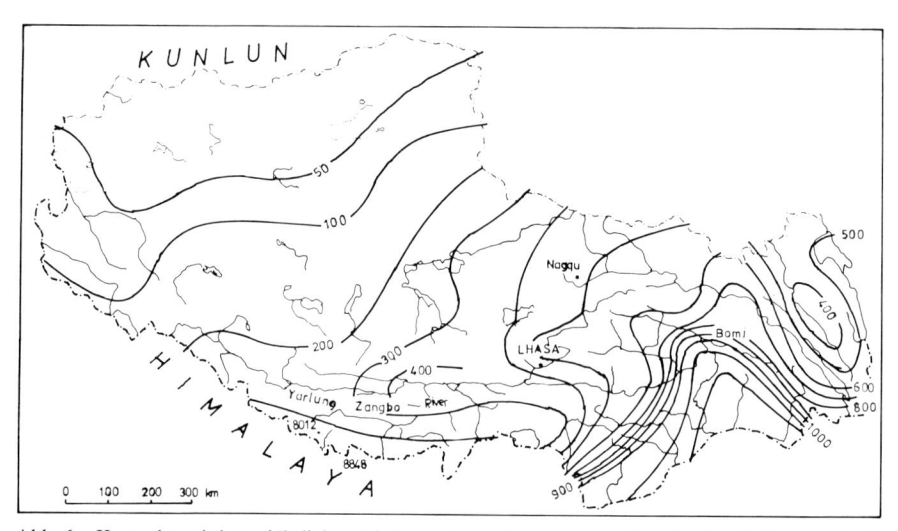

Abb. 6   Karte des mittleren jährlichen Niederschlagsaufkommens in Tibet (nach: Li, Zheng, 1981) (mm Niederschlag)

ariden Nordwesten, geprägt von Tibetanischer, Zentralasiatischer und Nördlicher Flora, übergeht.

Damit sind bereits Beziehungen von Flora und Klima angedeutet, die über eine statistische Analyse (schrittweise multiple Regression) quantifiziert werden sollen. Die aufgezeigte Niederschlagsverteilung ist durch das Zirkulationssystem bedingt, das bodennah von tageszeitlichen Windphänomenen geprägt ist. Von Norden und Süden her strömen tageszeitliche Winde auf das Plateau und konfluieren entlang einer ost-west orientierten Achse (vgl. Abb. 7, aus Flohn, 1968). Es kommt dort zur Bildung konvektiver Cb-Zellen, die lokale Niederschlagsereignisse produzieren. Die von Norden herangeführte Luft ist relativ trocken. Von Süden strömt dagegen eine feuchte Monsunluft vor allem durch die Talfurchen in den Tibetanischen Hochlandblock ein. Diese Monsunphase, die vor allem den Südosten betrifft, währt von Mai bis September.

In der statistischen Analyse von Flora und Klima wurden die relativen Anteile der einzelnen Florenelemente (abhängige Variable) an den Arealtypenspektren mit Klimawerten ihrer Raumeinheiten (unabhängige Variable) in Beziehung gesetzt.

Dazu standen Klimadaten von 33 Klimastationen zur Verfügung. Es konnten demnach für 33 Raumeinheiten (Gitternetzquadrate) die Beziehungen von Florenelementanteilen und Klima über eine schrittweise multiple Regressionsanalyse ermittelt werden. Die Klimastationen repräsentieren das Klima der einzelnen Gitterquadrate hinreichend.

An Klimaparametern, die als beziehungsreich mit der Flora gelten können, standen zur Verfügung: die Mitteltemperatur des Jahres, die Mitteltemperatur des wärmsten und die des kältesten Monats, die Zahl der Tage mit Temperaturmittel-

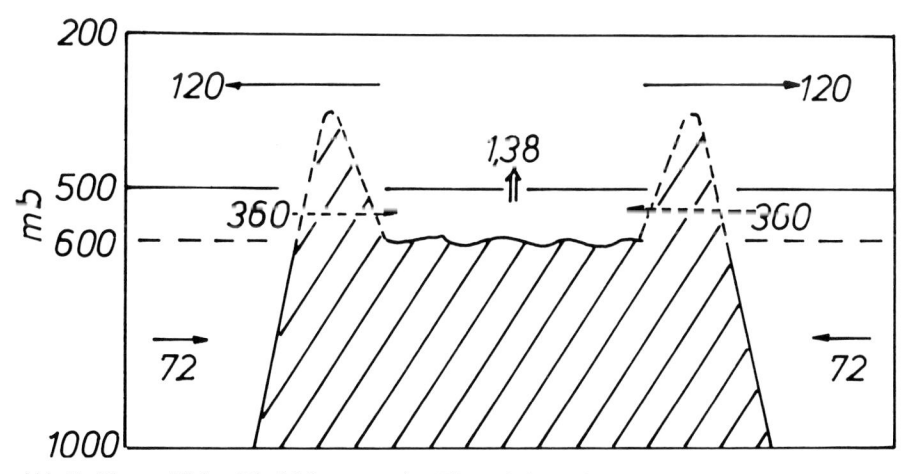

Abb. 7 Tageszeitliche Windphänomene des Tibetanischen Plateaus, eine Bilanzierung (nach: Flohn, 1968)

werten ≥ 10 °C und ≥ 0 °C, die Jahresniederschlagssumme, die relative Feuchte, das Verhältnis von potentieller Verdunstung (berechnet nach Penman) und Niederschlag sowie die absolute und die relative Anzahl der Sonnenscheinstunden. Damit sind für die thermischen Parameter Mittel- und Andauerwerte und für die hygrischen Parameter ist die Wasserbilanz gegeben. So hat eine Vielzahl ökologisch relevanter Klimaparameter mit der Flora des Tibetanischen Hochlandes in Beziehung gesetzt werden können.

Die einfachen Korrelationskoeffizienten zwischen den relativen Anteilen der einzelnen Florenelemente an den Arealtypenspektren der 33 Gitternetzeinheiten, in denen sich eine einigermaßen repräsentative Klimastation befindet, und den zeitlich gemittelten Klimaparametern geben bereits eindeutige Beziehungen wieder (vgl. Tab. 1). Es wurden auch Korrelationen zwischen der mittleren Höhenlage der Gitter und den Florenelementanteilen berechnet.

Die einfachen Korrelationskoeffizienten weisen aus, daß der relative Anteil der Nördlichen, der Zentralasiatischen und der Tibetanischen Flora mit der Höhe der Gitternetzeinheiten signifikant ansteigt, der relative Anteil der Sino-Himalayischen und der Indo-Malayischen Flora jedoch zurückgeht. Sehr eindeutig sind dementsprechend die Beziehungen der Florenelementanteile zu den thermischen Klimaparametern ausgefallen. Lediglich das Nördliche Geoelement zeigt kaum eine signifikante Beziehung (Irrtumswahrscheinlichkeit ≤ 5 %) seiner relativen Anteile an den Arealtypenspektren zu thermischen Parametern. Eindeutig ist vor allem die Tendenz, daß mit zunehmender Wärme, welcher Parameter dies auch immer auszudrücken vermag, der relative Anteil der Zentralasiatischen und der Tibetanischen Arten an den Arealtypenspektren zurückgeht und der relative Anteil der Sino-Himalayischen sowie der Indo-Malayischen Spezies entsprechend ansteigt. Demgegenüber verwundert zunächst die positive Beziehung des Nördlichen, des Zentralasiatischen und des Tibetanischen Geoelementes in ihrem relativen Vertretensein an den Standorten zu der absoluten und relativen Zahl der Sonnenscheinstunden sowie die umgekehrte Beziehung der Sino-Himalayischen und Indo-Malayischen Spezies zu dieser energetisch relevanten Größe. Darin drückt sich jedoch vor allem der Bewölkungsgrad aus, so daß dem feuchteren Südosten mit hohen relativen Anteilen der Sino-Himalayischen und der Indo-Malayischen Flora eine relativ geringere Anzahl von Sonnenscheinstunden eignet als dem eigentlich ariden Plateau.

Konsequenterweise korreliert die Zahl der Sonnenscheinstunden negativ mit den Temperaturparametern (r = −0,6). Die angedeuteten Beziehungen von Bewölkung und relativen Florenelementanteilen erhärten sich bei der Betrachtung der Korrelationskoeffizienten zwischen hygrischen Einfluß- und floristischen Zielgrößen. Die relativen Anteile der Nördlichen, der Zentralasiatischen und der Tibetanischen Flora an den Arealtypenspektren korrelieren negativ mit dem Niederschlagsaufkom-

Tab. 1: Tabelle der einfachen Korrelationskoeffizienten zwischen Florenelementen und Klima in Tibet.

	Höhe	Tj	Tw	Tk	T 10 °C	T 0 °C	N	RF	V/N	SSabs	SSrel
Florenelemente:											
Nördliche	0,41	−0,25	−0,18	−0,35	−0,15	−0,27	−0,52	−0,63	0,21	0,50	0,50
Zentralasiat.	0,64	−0,66	−0,43	−0,73	−0,49	−0,68	−0,76	−0,63	0,73	0,71	0,72
Tibetanische	0,80	−0,69	−0,61	−0,70	−0,62	−0,71	−0,69	−0,74	0,21	0,76	0,75
Sino-Himalay.	−0,70	0,62	0,45	0,69	0,48	0,67	0,73	0,80	−0,46	−0,79	−0,79
Indo-Malayisch	−0,73	0,63	0,61	0,61	0,61	0,58	0,60	0,41	−0,16	−0,52	−0,52
Endemiten:											
Nördliche	−0,07	0,06	−0,10	0,16	−0,04	0,03	0,17	0,34	−0,02	−0,13	−0,13
Sino-Himalay.	−0,10	0,16	−0,03	0,28	0,07	0,18	0,13	0,30	−0,18	−0,06	−0,06
Indo-Malayisch	−0,39	0,31	0,29	0,31	0,31	0,36	0,41	0,33	−0,11	−0,31	−0,31

Irrtumswahrscheinlichkeiten: 5 % bei r = 0,34; 1 % bei r = 0,56; 0,1 % bei r = 0,67

r = Pearson-Korrelationskoeffizient; Tj = Mitteltemperatur des Jahres; Tw = Mitteltemperatur des wärmsten Monats; Tk = Mitteltemperatur des kältesten Monats; T 10 °C = Tage mit Temperaturmittelwerten $\geq$ 10 °C; T 0 °C = Tage mit Temperaturmittelwerten $\geq$ 0 °C; N = Jahresniederschlagssumme; RF = relative Feuchte; V/N = potentielle Verdunstung (PENMAN, E_0)/Niederschlagssumme; SSabs = absolute Anzahl der Sonnenscheinstunden; SSrel = relativer Anteil der Sonnenscheinstunden (jeweils auf das Jahr bezogen)

men und der relativen Feuchte, positiv mit dem Quotienten aus Eo-Verdunstung und mittlerem Jahresniederschlag. Dabei ist allerdings die geringste Anzahl hinreichend signifikanter Beziehungen gegeben.

Genau umgekehrt stellen sich die Beziehungen der Sino-Himalayischen und der Indo-Malayischen Flora zu den ausgewählten klimatischen Einflußgrößen dar. Damit bestätigt sich die bereits optisch gewonnene Erkenntnis, daß sich von den feuchtwarmen Gebieten des Südostens zu den trocken-kalten Räumen des Nordens und Westens infolge von Wärme- und Wassermangel die relativen Anteile der Sino-Himalayischen Flora und der Indo-Malayischen Spezies an den Arealtypenspektren vermindern. Wesentlich besser an Wärme- und Wassermangel adaptiert erweisen sich die Nördliche, die Zentralasiatische und die Tibetanische Flora, wobei vor allem die relativen Anteile der beiden letztgenannten Geoelemente an den Arealtypenspektren ansteigen, wenn Kälte und Trockenheit zunehmen.

Zwischen den relativen Anteilen der Genoelemente an der Gesamtartenzahl der Standorte und den klimatischen Einflußgrößen konnten kaum signifikante Beziehungen abgeleitet werden, weil diese Elemente im Sinne der relativen Standortkonstanz zumeist an besonderen edaphisch/topographischen Gunststandorten wachsen und daher, anders als die Geoelemente, weniger von den übergeordneten Bedingungen des ‚Wetterhüttenklimas' abhängig sind.

Die schrittweise multiple Regressionsanalyse kann die nach den einfachen Korrelationen aufgestellten Beziehungen näher verdeutlichen (vgl. Abb. 8). Danach vermögen die ausgewählten Klimaparameter mit 87 % am ehesten die Raumvarianz der relativen Anteile der Zentralasiatischen Flora an den Arealtypenspektren zu erklären. Dem folgt mit 84 % die Prägung der relativen Anteile der Tibetanischen Flora durch die ausgewählten Einflußgrößen. Die Sino-Himalayische Flora wird in der Raumvarianz ihrer relativen Anteile zu 82 %, die Indo-Malayische Flora zu 67 % und die Nördliche Florengruppe zu nur 60 % von den klimatischen Einflußvariablen her erklärt.

Die relative Feuchte vermag als hygrothermisches Integral den höchsten Varianzanteil der Nördlichen und der Sino-Himalayischen Arten in ihrer relativen Repräsentanz in den Arealtypenspektren zu erklären. Die Raumvarianz der relativen Anteile der Zentralasiatischen Flora wird in erster Linie durch die Jahresniederschlagssumme erklärt; die entsprechende Raumvarianz der Tibetanischen Flora in erster Linie durch die absolute Anzahl der Sonnenscheinstunden. Die Varianz der relativen Anteile der Indo-Malayischen Flora im Raum kann in erster Linie von der Mitteltemperatur her klimatisch begründet werden. Ähnliches hat für die Raumvarianz der paläotropischen Spezies am Südrand der Sahara festgestellt werden können (vgl. Klaus & Frankenberg, 1980).

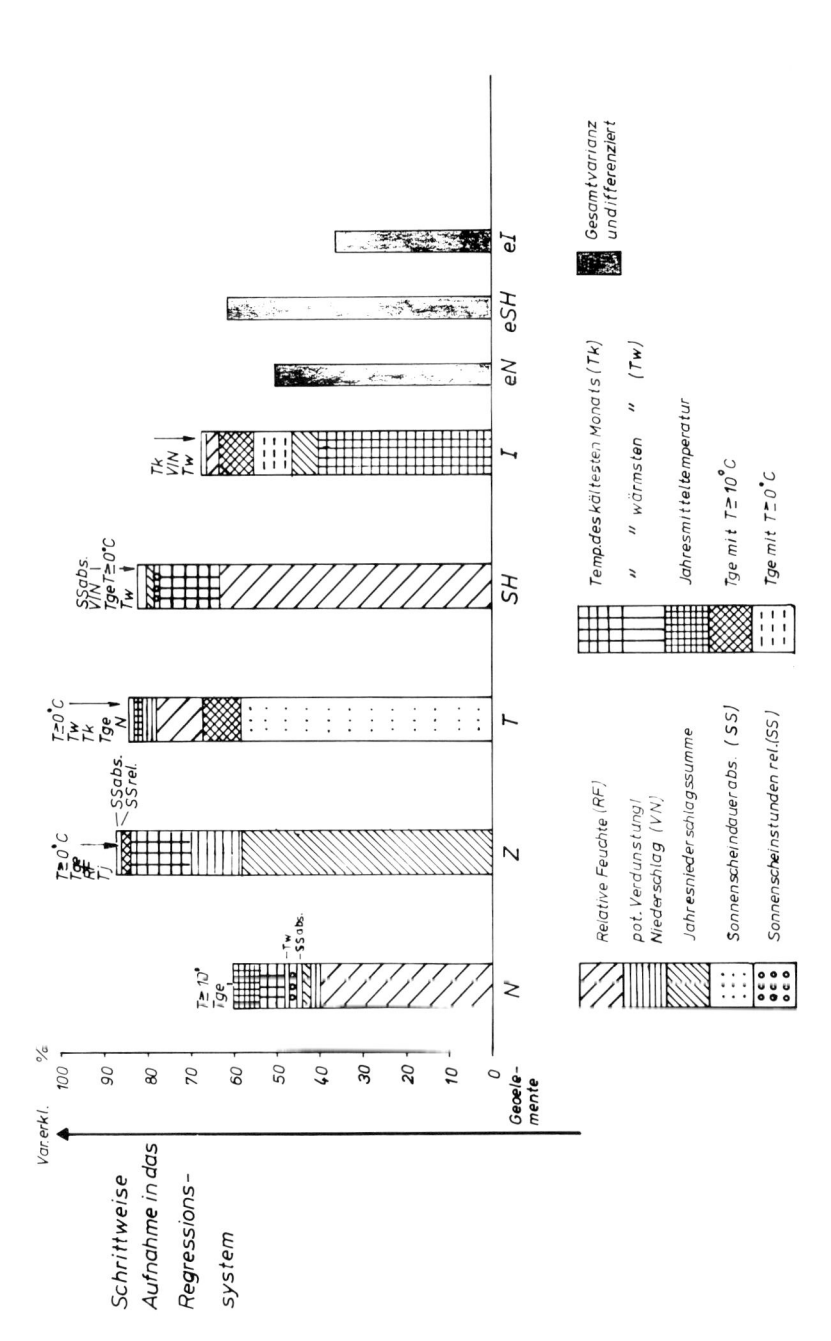

Abb. 8 Varianzerklärung der Raumstruktur der Geo- und Genoelemente der Tibetanischen Flora durch Klimaelemente nach einer schrittweisen multiplen Regressionsanalyse

Die Differenzen zwischen den höchsten durch das Klima erklärten Varianzanteilen und dem jeweiligen zweithöchsten erklärten Varianzanteil sind in der Regel verhältnismäßig groß. Den zweithöchsten Varianzanteil der relativen Anteile der Nördlichen Arten an den Arealtypenspektren (vgl. jeweils Abb. 8) erklärt die Jahresmitteltemperatur, ähnliches gilt für die Sino-Himalayische Flora. Für die relativen Anteile der Tibetanischen Flora an den Arealtypenspektren erscheint sekundär die relative Feuchte von Bedeutung zu sein. Die Raumvarianz der Zentralasiatischen Flora wird klimaökologisch sekundär etwa gleichrangig durch die Relationen von potentieller Verdunstung und Niederschlag sowie die Jahresmitteltemperatur erklärt. Die Indo-Malayischen Spezies erweisen sich in ihrer Raumvarianz auch sekundär durch thermische Größen beeinflußt, nämlich die Zahl der Tage mit einer Temperatur $\geq 0\,°C$ bzw. die Zahl der Tage mit einer Temperatur $\geq 10\,°C$.

Damit werden vor allem die relativen Anteile der Indo-Malayischen Flora an den Arealtypenspektren von den klimatischen Gegebenheiten her thermisch erklärt. Dies entspricht den bisherigen Annahmen der Nordbegrenzung tropischer Geoelemente (vgl. Lauer und Frankenberg, 1977; v. Wissmann, 1948). Wie bei Wissmann (1948) angenommen, spielen Frost und Wärmemangel eine entscheidende Rolle bei der Limitierung der Areale paläotropischer Gewächse. In Tibet geht mit einer Zunahme der Frosttage, der Reduktion der Mitteltemperatur und einer Verringerung der Vegetationszeit (Zahl der Tage mit einer Mitteltemperatur $\geq 10\,°C$) der relative Anteil der paläotropischen Spezies an den Arealtypenspektren zurück. Die Humiditätsbedingungen spielen dabei eine nur untergeordnete Rolle. Die Raumvarianz aller holarktischer Florenelemente wird demgegenüber primär hygrisch bestimmt. Auch die Zahl der Sonnenscheinstunden, die in enger Beziehung zur Tibetanischen Flora steht, drückt ja eigentlich den Bewölkungsgrad aus. Danach bevorzugt das Sino-Himalayische Element die feuchten und die Nördliche, die Zentralasiatische sowie die Tibetanische Flora die trockenen Habitate.

Die Nordgrenze der Paläotropis ist also primär thermisch und die Südgrenze der Holarktis eher hygrisch bestimmt (vgl. Lauer, 1975).

Das Sino-Himalayische Florenelement weicht in seinem klimaökologischen Verhalten davon jedoch ab. Es steigert seine Anteile mit zunehmender Wärme und Feuchte, wobei allerdings im Gegensatz zu der paläotropischen Flora die Feuchte wesentlicher ist.

Literaturverzeichnis

Academia Sinica (1980): An Enumeration of the vascular plants of Xizang (Tibet), Ed. in Chief: Wu Zheng-Yi, Beijing.

Chen Weilie et alii (1980): The pines and pine forests of Xizang, Acta Botanica Sinica, 22, S. 170–176.

Climatic data of the Xizang Autonomous Region, Compiled by the group of climatology, The comprehensive Scientific Expedition to the Qinghai-Xizang Plateau, Academia Sinica, Beijing.

Flohn, H. (1965): Thermal effects of the Tibetan Plateau during the Asian Monsoon Season, Australian Meteorological Magazine, 49, S. 55–57.

Flohn, H. (1968): Contributions to a meteorology of the Tibetan Highlands, Atmospheric Science, Paper No 130, Fort Collins, Colorado.

Frankenberg, P. (1978a): Florengeographische Untersuchungen im Raume der Sahara. Ein Beitrag zur pflanzengeographischen Differenzierung des Nordafrikanischen Trockenraumes, Bonner Geographische Abhandlungen, 58, Bonn.

Frankenberg, P. (1978b): Methodische Überlegungen zur floristischen Pflanzengeographie, Erdkunde, 32, S. 251–258.

Frankenberg, P. (1982): Vegetation und Raum, UTB 1177, Paderborn, München, Wien, Zürich.

Haffner, W. (1965): Nepal – Himalaya, Bericht einer Reise nach Ostnepal im Jahre 1963, Erdkunde, 19, S. 89–103.

Haffner, W. (1967): Ostnepal – Grundzüge des vertikalen Landschaftsaufbaus, Ergebn. Forsch-Unternehmen Nepal – Himalaya, Bd. 1, Liefg. 5, Berlin, Heidelberg, New York, S. 389–426.

Haffner, W. (1978): Nepal – Himalaya, Untersuchungen zum vertikalen Landschaftsaufbau Zentral- und Ostnepals, Erdwissenschaftliche Forschung, Bd. XII, Hrsg.: W. Lauer, Wiesbaden.

Hedin von, S. (1903): Seen in Tibet, Zeitschrift der Gesellschaft für Erdkunde zu Berlin, S. 343–359.

Klaus, D.; P. Frankenberg (1980): Pflanzengeographische Grenzen der Sahara und ihre Beeinflussung durch Desertifikationsprozesse, Basler Afrika Bibliographien, Geomethodica, 5, S. 109–137.

Kraus, H. (1967): Das Klima von Nepal, Ergebn. Forsch-Unternehmen Nepal – Himalaya, Bd. 1, Liefg. 4, Berlin, Heidelberg, New York, S. 301–321.

Kraus, H. (1971): Ein Beitrag zum Wärme- und Strahlungshaushalt im Himalaya-Gebirge, Archiv Met. Geoph. Biokl., Ser. A, 20, S. 175–182.

Lauer, W. (1973): Zusammenhänge zwischen Klima und Vegetation am Ostabfall der mexikanischen Meseta, Erdkunde, 27, S. 192–213.

Lauer, W. (1975): Vom Wesen der Tropen, Klimaökologische Studien zum Inhalt und zur Abgrenzung eines irdischen Landschaftsgürtels, Abh. der Math.-Naturwiss. Klasse der Akad. d. Wiss. und d. Lit. Mainz, Nr. 3, Wiesbaden.

Lauer, W.; P. Frankenberg (1977): Zum Problem der Tropengrenze in der Sahara, Erdkunde, 31, S. 1–15.

Lauer, W.; P. Frankenberg (1978): Untersuchungen zur Ökoklimatologie des östlichen Mexiko – Erläuterungen zu einer Klimakarte 1:500 000, Colloquium Geographicum, 13, Bonn, S. VII–X und S. 1–34.

Li Ji-jun; Zheng, Ben-xing (1981): The monsoon maritime glaciers in the southeastern part of Xizang, Proceedings of Symposium on Qinghai-Xizang (Tibet) Plateau, Vol. 2, Beijing, New York, S. 1599–1610.

Limpricht, W. (1922): Botanische Reisen in den Hochgebirgen Chinas und Ost-Tibets, Feddes Pepert. Spec. Nov. Regn. Veget., 12, Dahlem bei Berlin.

Liu Liang (1981): The floristic features and evolution of Gramineae in Xizang, Proceedings of Symposium on Qinghai-Xizang (Tibet) Plateau, Vol. 2, Beijing, New York, S. 1337–1348.

Meusel, H.; R. Schubert (1971): Beiträge zur Pflanzengeographie des West Himalayas, 3 Teile, Flora, 160, S. 131–194; S. 373–432; S. 573–606.

Schweinfurth, U. (1956): Über klimatische Trockentäler im Himalaya, Erdkunde, 10, S. 297–302.

Schweinfurth, U. (1957a): Die horizontale und vertikale Verbreitung der Vegetation im Himalaya, Bonner Geographische Abhandlungen, 20, Bonn.

Schweinfurth, U. (1957b): The distribution of vegetation in the Tsangpo Gorge, The Oriental Geographer, I, 1, S. 59–73.

Stein, N. (1978): Coniferen im westlichen Malayischen Archipel, Biogeographica, 11, The Hague, Boston, London.

Troll, C. (1965): Die Karte des Chomolongma-Mount Everest 1:25 000 und die photogrammetrische Hochgebirgs-Kartographie, Erdkunde, 19, S. 103–111.

Wissmann, H. von (1948): Pflanzenklimatische Grenzen der warmen Tropen, Erdkunde, 2, S. 81–92.

Wu Zheng Yi; Wang Hosheng (1980): The floristic features of Chinese Vegetation, in: Vegetation of China, Editor in Chief: Wu Zheng-Yi, Beijing, S. 82–140.

Wu Zheng-Yi; Tang Yan-cheng; Li Xi-weng; Wu-Su-gong; Li Heng (1981): Dissertations upon the origin, development and regionalization of Xizang Flora through the floristic analysis, Proceedings of Symposium on Qinghai-Xizang (Tibet) Plateau, Vol. 2, Beijing, New York, S. 1219–1244.

Zhang Yong-zu; Li Bing-yuan; Zheng Du; Yang Qin-ye (1981): The impact of the uplift of the Qinghai-Xizang Plateau on the geographical processes, Proceedings of Symposium on Quinghai-Xizang (Tibet) Plateau, Vol. 2, Beijing, New York, S. 1999–2004.

Zheng Du; Zhang Yong-zu; Yang Qin-ye (1981): Physico-geographical differentiation of the Qinghai-Xizang (Tibet) Plateau, Vol. 2, Beijing, New York, S. 1851–1860.

Modellvorstellungen zu Arealveränderungen von Pflanzengruppen in Schwarzwald und Vogesen

PETER FRANKENBERG

1. Problemstellung

Pflanzenareale oder auch Areale von Pflanzengruppen, seien sie floristisch oder vegetationskundlich definiert, sind in ihrer Ausdehnung und Konfiguration stark von den klimatischen Umweltbedingungen abhängig. Es erweist sich unter anderem an Pollenprofilen, daß sich mit wechselnden Klimabedingungen auch die Vegetationsdecke verändert.

Ausgehend von der heutigen Zusammensetzung der Pflanzenwelt und ihren statistischen Beziehungen zum Klima kann man versuchen, für bestimmte Änderungen von Klimazuständen die Veränderungen in der Pflanzenwelt modellhaft zu prognostizieren, bzw. zurückzurechnen (vgl. Lauer und Frankenberg, 1979).

Dies hat einen aktuellen Bezug, da man heute einerseits einen in die Zukunft gerichteten natürlichen Abkühlungstrend annehmen kann (Bryson), der zu ähnlichen Klimabedingungen wie während der kleinen Eiszeit führen könnte (Gribbin und Lamb, 1978), andererseits wird ein anthropogener Erwärmungseffekt vermutet (CO^2-Belastung der Atmosphäre n. Flohn), wodurch weltweit die Jahresmitteltemperatur bis zum Jahre 2000 um 1 °C ansteigen könnte.

Welche Auswirkungen hätten nun derartige langandauernde Klimaänderungen auf die Zusammensetzung unserer Pflanzenwelt, welche Auswirkungen haben vergangene Klimafluktuationen in dieser Hinsicht gezeigt?

Dies sei an den regionalen Beispielen von Schwarzwald und Vogesen modellhaft erläutert.

An beiden Gebirgen soll für ihre rheingrabenwärtigen Flanken dargelegt werden, wie die Obergrenze des Areals von Phanerophyten (Baumgrenze), beziehungsweise wie die relativen Anteile submediterraner und alpin-praealpiner Artengruppen an der Gesamtflora mit möglichen Temperaturänderungen variieren.

2. Methodische Grundsätze

Die aktuelle Pflanzenwelt von maximal 90 Pflanzenstandorten in Schwarzwald und Vogesen (Testflächen pflanzensoziologischer Aufnahmen verschiedener Auto-

94 *Peter Frankenberg*

ren: vgl. Frankenberg, 1979) wurde nach Florenelementen und nach Lebensformen gruppiert, um die heutige Varianz dieser Artengruppen mit den thermischen Bedingungen für Schwarzwald und Vogesen vergleichend zu untersuchen. An Florenelementen wurden unterschieden: die submediterrane Flora, die alpin-praealpine Flora und die temperierte Flora. Die Stellung dieser weitgefaßten Artengruppen im Gesamtrahmen der Florenelemente des Untersuchungsraumes geht aus dem Schema der Florenelemente (Abb. 1) und den Arealtypen (Abb. 2) hervor. An Lebensformen wurden differenziert: Phanerophyten, holzige und krautige Chamaephyten, Hemikryptophyten, Geophyten und Therophyten. In der Folge wird davon jedoch nur die mit der Höhe variierende Anzahl der Phanerophytenarten behandelt.

Für die 90 ausgewählten Pflanzenstandorte von Schwarzwald und Vogesen sind nach der Gruppierung der Pflanzenarten zu Florenelementen bzw. zu Lebensformen pro Standort die relativen Anteile dieser einzelnen Artengruppen an der jeweiligen Gesamtartenzahl berechnet worden (Arealtypenspektren, Lebensformenspektren). Dies geschah für die Florenelemente unter Berücksichtigung der pflanzensoziologischen Deckungsgrade, so daß die Arten nach ihrer Artmächtigkeit am Standort in den Spektren gewichtet sind (vgl. Frankenberg, 1978).

Die statistischen Beziehungen zwischen den relativen Anteilen der Florenelemente an den Gesamtartenzahlen pro Standort (Arealtypenspektrenanteile), bzw. der Anzahl der Phanerophyten pro Standort und der Höhenlage dieser Standorte sowie ihrem Klima wurde mit Hilfe von korrelations- und regressionsstatistischen Verfah-

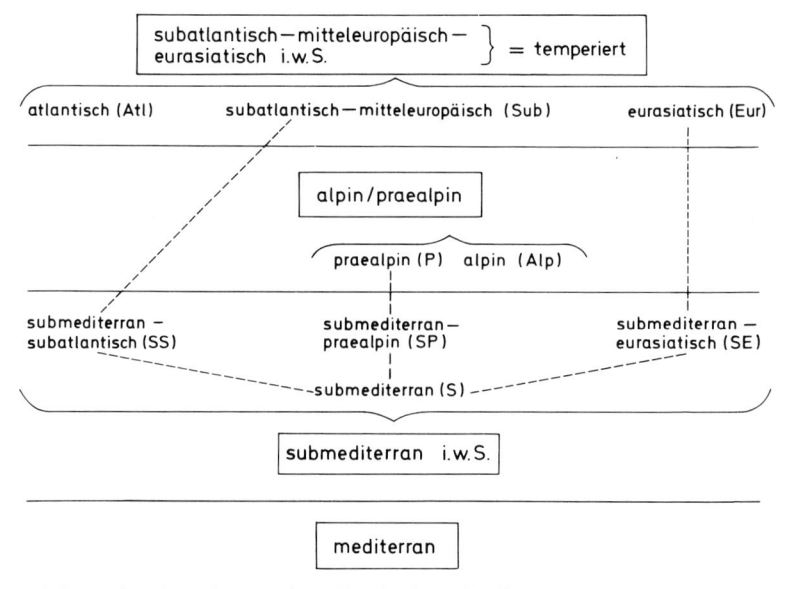

Abb. 1   Schema der Florenelemente (aus: Frankenberg, 1979)

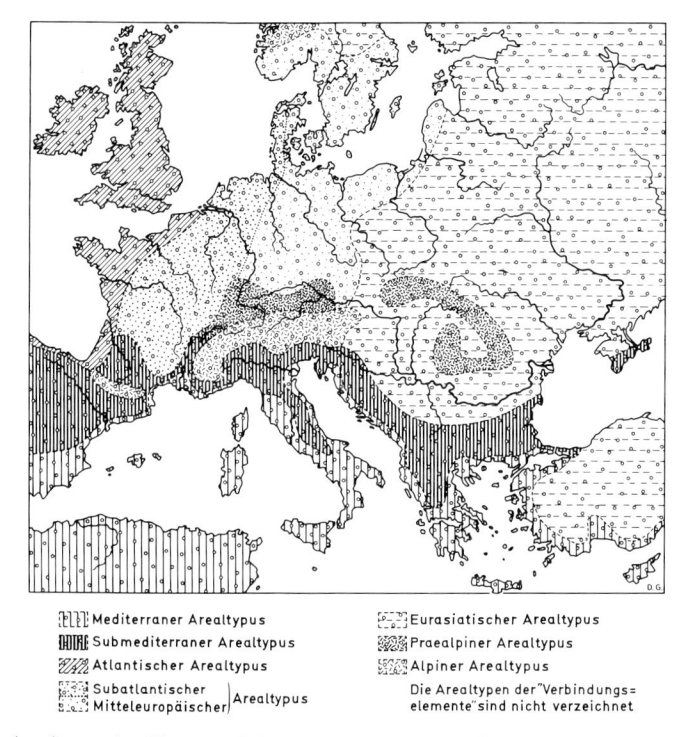

Modellvorstellungen zu Arealveränderungen von Pflanzengruppen 95

Abb. 2 Arealtypen der Flora von Schwarzwald und Vogesen (aus: Frankenberg, 1979)

ren analysiert. Daraus resultieren Regressionsgleichungen der Beziehungen der aktuellen Flora sowie der aktuellen Vegetation mit dem heutigen Klima. Mit Hilfe dieser Regressionsgleichungen kann durch Einsetzen niedrigerer oder höherer Temperaturwerte die Pflanzenzusammensetzung anderer thermischer Rahmenbedingungen hochgerechnet werden.

Die ökophysiologische Grundfrage bezieht sich dabei auf die möglichen Zeitverschiebungen zwischen Klima- und Vegetationsänderungen. Dies scheint von der Zusammensetzung der Lebensformen am Standort abzuhängen. Je höher die Lebensform, desto größer der ‚time-lag' der Vegetationsvarianz zur Klimavarianz, jedenfalls bei Klimaänderungen im Temparaturbereich, der hier betrachtet werden soll. Da Keimlinge die thermisch empfindlichste Wachstumsphase der Pflanzen darstellen, wird bei einer negativen Temperaturänderung und damit einer räumlichen Verlagerung der Verbreitungsgrenze einer Artengruppe zunächst einmal ihre Regenerationsfähigkeit eingeschränkt. Die bestehenden und erwachsenen Individuen können noch überleben. Am längsten überdauern langlebige Formen, also Phanerophyten, da ihr Regenerationsbedarf lange zeitliche Zwischenphasen ohne Regenerationsmöglichkeiten zuläßt. So kann es unter Umständen Jahrhunderte dauern, bis sich das Areal von Phanerophyten neuen Klimabedingungen angepaßt hat. Vegetationsänderungen hinken so häufig um Jahrzehnte Klimaänderungen hinterher, jedenfalls bei einem Abkühlungstrend. Bei Erwärmung können wohl sehr viele Arten schnell ihre Areale ausdehnen, da nun die Keimlinge in Regionen zu überleben vermögen, wo sie es vordem nicht konnten. Bei Temperaturerniedrigung dürfte die Reaktionszeit von Pflanzengruppen in der Reihenfolge: Phanerophyten, Chamaephyten, Hemikryptophyten, Geophyten, Therophyten abnehmen. Die Zusammenhänge zwischen Temperaturänderungen und der Raumänderung der Areale von Pflanzengruppen lassen sich zusammenfassend nach folgender Gesetzmäßigkeit beschreiben: Je kürzer der Regenerationszyklus und die Lebensdauer einer Pflanze, desto kürzer die Zeitspanne zwischen Temperaturänderung und Arealveränderung.

Dies gilt es zu bedenken, wenn im folgenden modellhaft die vertikalen Veränderungen der Areale von Pflanzengruppen mit Temperaturänderungen am Beispiel von Schwarzwald und Vogesen betrachtet werden.

3. Die Wandlungen des Phanerophytenareals mit Temperaturänderungen

Die vertikale Verbreitung der Phanerophyten in Schwarzwald und Vogesen wird als Phanerophytenareal bezeichnet. Es findet seine Obergrenze an der Wald- bzw. Baumgrenze. Bei näherer Analyse erweist sich, daß die Baumgrenze nicht eine plötzlich auftretende Erscheinung ist, sondern daß vom Fuße des Schwarzwaldes bzw. der Vogesen nach oben hin die absolute Anzahl der Phanerophyten in einem statistisch signifikant-funktionalen Sinne zurückgeht. Am Schwarzwald in Form einer Potenzfunktion ($r = 0,76$ bei 49 Wertepaaren), an den Vogesen in Form einer linearen Regression ($r = 0,66$ bei 41 Wertepaaren).

Auf der Basis einer Regression von Temperatur und Höhenlage der Klimastationen konnte für den Schwarzwald ($y = -0,00505 x + 10,61$; $r = 0,8603, 12$ Klimastationen) und für die Vogesen ($y = -0,005 x + 10,9$; $r = 0,96, 7$ Klimastationen) für jeden Pflanzenstandort eine Jahresmitteltemperatur abgeleitet werden.

Danach wurde für 48 Pflanzenstandorte des Schwarzwaldes und für 41 Standorte der Vogesen die statistische Beziehung zwischen der absoluten Anzahl der Phanerophytenarten und der Temperatur ermittelt. Es zeigt sich generell, daß mit zurückgehenden Temperaturen auch die Artenzahl der Phanerophyten sinkt. Dabei ergibt sich für den Schwarzwald folgende linearisierte Beziehung zwischen den Logarithmen der Temperatur (x) und der Artenzahl der Phanerophyten (y) (eigentlich Potenzfunktion): $y = -1,1106 + 2,28 x$; $r = 0,7$, $n = 49$). Weniger als eine Phanerophytenart resultiert danach bei einer Jahresmitteltemperatur von 3,09 °C. Dieser Temperatur entspricht nach der Regression Temperatur/Höhe eine Meereshöhe von etwa 1500 m. Dort wäre im Schwarzwald die ‚theoretische thermische Baumgrenze' zu finden, die als Obergrenze des Phanerophytenareals definiert ist. Nun wird seit langem die Frage diskutiert, ob die Gipfel des Schwarzwaldes, etwa der Feldberg, natürlicherweise baumfrei sind oder ob dies ein anthropogener Effekt ist. Nach den oben erläuterten Beziehungen kann man aussagen, daß die Gipfel des Schwarzwaldes in die Baumgrenzregion aufragen und von daher bereits kleinere anthropogene Eingriffe die aktuelle Waldgrenze unter die Gipfelbereiche drücken können.

Ausgehend von der abgeleiteten Regressionsgleichung zwischen der Anzahl von Phanerophytenarten und der Jahresmitteltemperatur der einzelnen Pflanzenstandorte läßt sich ermitteln, wie bei Temperaturveränderungen in Schwarzwald und Vogesen die theoretische thermische Waldgrenze, also das Phanerophytenareal, verlagert werden könnte.

Im Schwarzwald würde bei einer Absenkung der Jahresmitteltemperatur um 6,4 °C jeglicher Phanerophytenwuchs auch von den heute thermisch bevorzugten Randhügeln, wie dem Kaiserstuhl, verschwinden. Dies stimmt gut mit den Temperatur- und Vegetationsannahmen des Maximums der Würmkaltzeit (18 000 B.P.)

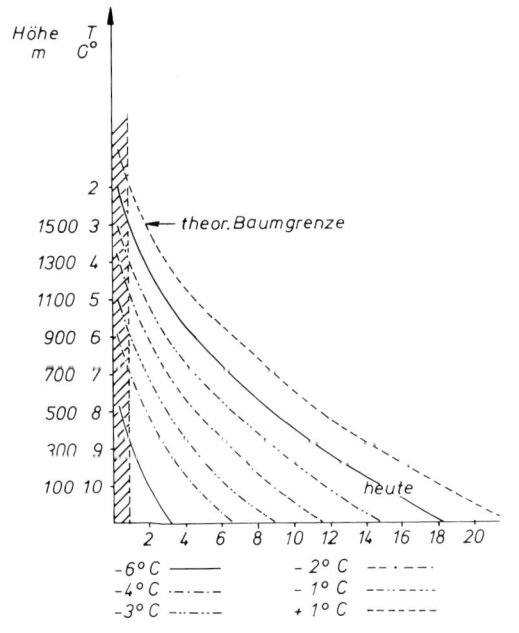

Abb. 3 Theoretische Baumgrenze im Schwarzwald auf der Basis der Regression: absolute Anzahl der Phanerophytenarten/Temperatur (ln y = − 1,1106 + 2,28 ln x, r = 0,7, n = 49)
Der Durchgang der Regressionskurve durch den Bereich: ‚weniger als eine Phanerophytenart' (schraffiert) deutet die Baumgrenze an. Sie ist für verschiedene Temperaturniveaus dargestellt. Die entsprechenden Angaben bedeuten Änderung gegenüber heute.

überein. Bei einer langfristigen Absenkung der Jahresmitteltemperatur um 1 °C, wie sie bei fortdauerndem Abkühlungstrend für die nähere Zukunft angenommen werden kann, läge die ‚theoretische thermische Waldgrenze' am Schwarzwald bei 1300 m Meereshöhe. Während der ‚kleinen Eiszeit' (1430–1840), für die man eine langandauernde Absenkung der Jahresmitteltemperatur um 1,5 °C wahrscheinlich machen kann, müßte die theoretische Waldgrenze in etwa 1200 m Höhe gelegen haben. Möglicherweise ist im Schwarzwald seit etwa 1840 die Waldgrenze mit dem allgemeinen Erwärmungstrend bis etwa 1950 nach oben gerückt und kann nur wegen der fortdauernden Nutzung der Gipfelbereiche diese nicht überschreiten. Die Folgen weiterer Temperaturabsenkungen auf die ‚theoretische thermische Waldgrenze' und damit das Phanerophytenareal des Schwarzwaldes sind der Tab. 1 und der Abb. 3 zu entnehmen. Eine langfristige Erwärmung um 1 °C, wie sie etwa im mittelalterlichen Klimaoptimum (1000–1200 n. Chr.) gegeben war, bedingte einen Anstieg der Phanerophytenobergrenze auf 1700 m. Die Gipfelbereiche des Schwarzwaldes würden dann unter den Waldgrenzbereich fallen und voll bewaldet werden können.

Für die Vogesen lassen sich nahezu identische Beziehungen ableiten. Die Funktion der Beziehung zwischen absoluter Anzahl der Phanerophyten an 41 Standorten zur entsprechenden Jahresmitteltemperatur zeigt sich allerdings bei linearer Regression in der signifikantesten Form: $y = -9,45 + 2,58 x; r = 0,661, n = 41$). Die Obergrenze der Phanerophyten wird danach in den Vogesen etwa bei einer Jahresmitteltemperatur von 3,9 °C erreicht. Dem entspricht aufgrund der Regression Temperatur/Höhe eine ‚theoretische thermische Waldgrenze' in etwa 1400 m Höhe, die damit 100 m unter derjenigen des Schwarzwaldes anzusetzen wäre. Damit kann in den Vogesen die aktuelle Waldgrenze als identisch mit der ‚theoretischen thermischen Waldgrenze' angesehen werden. Wie am Schwarzwald, so würde auch an der Fußstufe der Vogesen bei einer Temperaturabsenkung von mehr als 6 °C jeglicher Baumwuchs verschwinden. Bei einer langfristigen Temperaturabsen-

Tab. 1: Waldgrenze bei verschiedenen Temperaturbedingungen

Veränderung der Temperatur gegenüber heute (°C)	Höhenlage d. Waldgrenze (Schwarzwald) (nach linearisierter Funktion)
+ 1,0	1700 m
± 0	1500 m
– 1,0	1300 m
– 2,0	1100 m
– 3,0	900 m
– 4,0	700 m
– 5,0	500 m
– 6,0	300 m

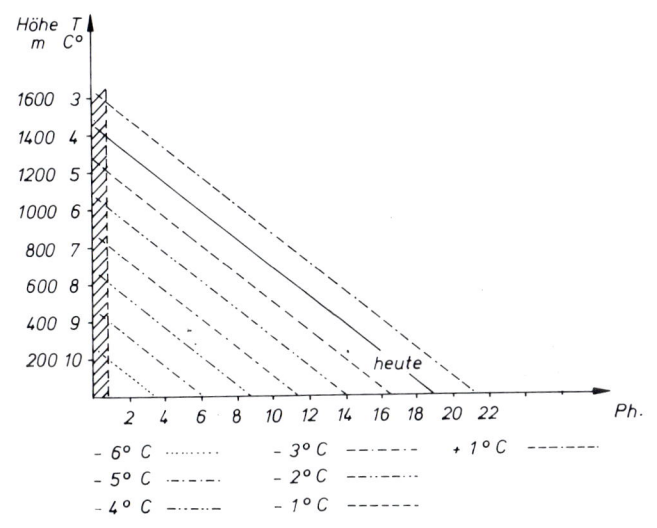

Abb. 4 Theoretische Baumgrenze in den Vogesen auf der Basis der Regression: absolute Anzahl der Phanerophytenarten/Temperatur ($y = -9{,}45 + 2{,}58\,x$, $r = 0{,}661$, $n = 41$)
Der Durchgang der Regressionsgeraden durch den Bereich: ‚weniger als eine Phanerophytenart' (schraffiert) deutet die Baumgrenze an. Sie ist für verschiedene Temperaturniveaus dargestellt. Die entsprechenden Angaben bedeuten Änderung gegenüber heute.

kung um 1 °C könnte in den Vogesen die Waldgrenze auf 1200 m fallen. Während langer Phasen der ‚kleinen Eiszeit' lag sie theoretisch in 1100 m Höhe (–1,5 °C). Weitere Veränderungen der Obergrenze der Phanerophyten in Relation zu Temperaturänderungen sind der Abb. 4 und der Tab. 2 zu entnehmen.

Bei einer langfristigen Temperaturerhöhung um 1 °C würde die Obergrenze des Phanerophytenareals in den Vogesen auf 1600 m ansteigen. Damit könnten alle Gipfel bewaldet werden.

Tab. 2: Waldgrenze bei verschiedenen Temperaturbedingungen

Veränderung der Temperatur gegenüber heute (°C)	Höhenlage der Waldgrenze (Vogesen)
+ 1,0	1600 m
± 0	1400 m
– 1,0	1200 m
– 2,0	1000 m
– 3,0	800 m
– 4,0	600 m
– 5,0	400 m
– 6,0	200 m

4. Die Wandlungen des Areals submediterraner Spezies mit Temperaturänderungen

Die bisherigen Ausführungen zeigen die physiognomischen Folgen von Temperaturänderungen auf das Vegetationsbild, das ja entscheidend von der Anzahl der Phanerophytenarten geprägt wird. Wie verändert sich nun die Pflanzendecke in ihrer floristischen Zusammensetzung? Dabei ist von den heutigen Beziehungen zwischen den relativen Anteilen der Florenelemente an den Arealtypenspektren und dem Klima auszugehen. Für den Schwarzwald konnten dazu 13 Pflanzenstandorte analysiert werden, in deren unmittelbarer Nähe eine Klimastation liegt.

Für den Bereich des Schwarzwaldes resultiert folgende Potenzfunktion zwischen dem relativen Anteil der ‚submediterranen Arten' an den Arealtypenspektren der Standorte und der ‚mittleren Maximumtemperatur des Jahres' (signifikanteste Beziehungsmöglichkeit): $y = 1,84 - 12x^{12,18}$ (natürliche Logarithmen, $r = 0,92$, $n = 13$). Zwischen der ‚mittleren Maximumtemperatur des Jahres' und der Höhe der Standorte ließ sich folgende lineare Beziehung bilden: $y = 16,14 - 0,0068 \, x$ ($r = 0,974$). Auf der Basis dieser beiden Gleichungen kann für Temperaturabsenkungen oder Erwärmungen in bestimmten Höhen die Veränderung des relativen Anteils der ‚submediterranen Arten' im Vergleich zu heute erfaßt werden (vgl. Abb. 5). Dabei fallen Temperaturveränderungen in den unteren Höhenstufen entscheidender ins Gewicht, als Folge der Potenzform der Funktion. In etwa 500 m Meereshöhe vermindert sich bereits bei 1 °C Temperaturerniedrigung der mittlere relative Anteil der ‚submediterranen Arten' an den Arealtypenspektren von 65 % auf etwa 25 %. Bei einer entsprechenden Temperaturerhöhung stiege er auf 100 % an. Langfristige Temperaturschwankungen um ±1 °C hätten also an der Fußstufe des Schwarzwaldes einschneidende floristische Veränderungen zur Folge. Bei Schopfheim sänke (Abb. 5, unten) im Falle einer Temperaturerniedrigung um 2 °C im Jahresmittel der relative Anteil der submediterranen Arten von 72 % auf 16 %. Temperaturerniedrigungen von 4 °C würden die ‚submediterranen Spezies' fast vollständig aus dem Raum des Schwarzwaldes und seiner Vorhügel verdrängen.

Für die Vogesen ergab die signifikanteste Beziehung zwischen Temperatur und relativem Anteil der ‚submediterranen Arten' an sieben Standorten eine Exponentialfunktion mit der Jahresmitteltemperatur: $y = 0,519 \, e^{0,568x}$ ($r = 0,9704$). Die Beziehung zwischen der Jahresmitteltemperatur und der Höhenlage der sieben Standorte ist linear: $y = 10,9 - 0,00503 \, x$; $r = 0,96$. Nach diesen beiden Gleichungen läßt sich auch für die Vogesen die Änderung relativer Anteile der ‚submediterranen Arten' mit Temperaturänderungen in bestimmten Höhenbereichen ableiten (vgl. Abb. 6). In 500 m Meereshöhe würde am Rande der Vogesen bei einer Temperaturerniedrigung von 1 °C der relative Anteil der ‚submediterranen Arten' an den Arealtypenspektren von etwa 49 % auf 28 % zurückgehen und damit etwa den vergleich-

Modellvorstellungen zu Arealveränderungen von Pflanzengruppen 101

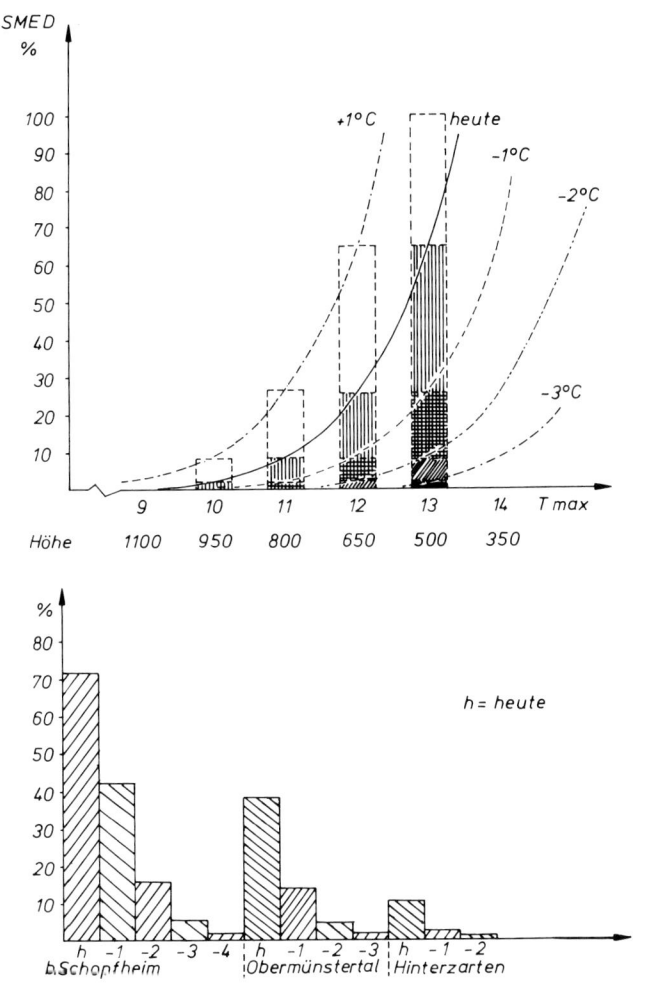

Abb. 5 Modell der Veränderungen der relativen Anteile des submediterranen Florenelementes in Relation zur Meereshöhe im Schwarzwald bei Temperaturänderung (T max), basierend auf der Regression des relativen Anteils submediterraner Arten zur mittleren Maximumtemperatur des Jahres ($y = 1,84 - 12x^{12,18}$, $r = 0,92$, $n = 13$) – oben und unten Modelle für Einzelstandorte

baren Wert des Schwarzwaldes erreichen, wo der Ausgangswert höher liegt, der Abnahmegradient jedoch stärker ausgeprägt ist. Bei einer Temperaturerhöhung um 1 °C erreichte in den Vogesen in 500 m Höhe der relative Anteil der submediterranen Arten 84 %. In etwa 300 m Meereshöhe würde eine Temperaturabsenkung von 2 °C den relativen Anteil der submediterranen Arten von derzeit 86 % auf 37 % reduzieren. Auch in den Vogesen führen also Temperaturveränderungen zu einschneidendem Wandel in der floristischen Zusammensetzung der Pflanzenwelt.

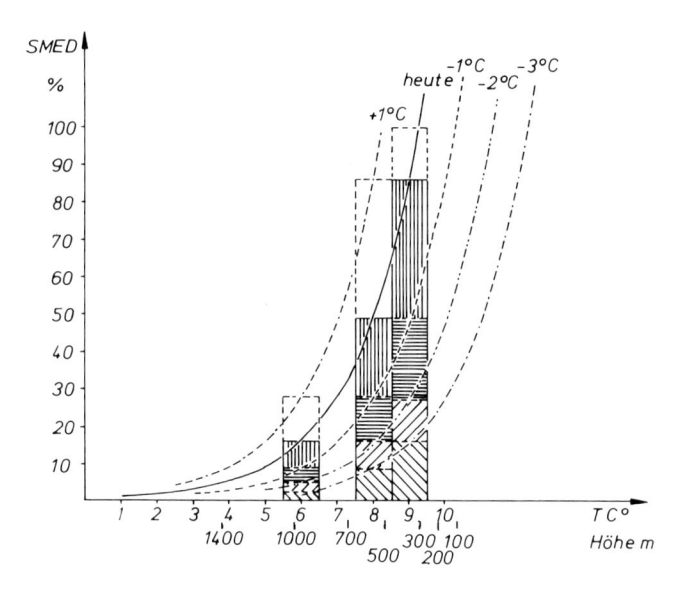

Abb. 6 Modell der Veränderungen der relativen Anteile des submediterranen Florenelementes in Relation zur Meereshöhe in den Vogesen bei Temperaturänderungen (T = Jahresmitteltemp.), basierend auf der Regression des relativen Anteils submediterraner Arten zur Jahresmitteltemperatur ($y = 0{,}519\ e^{0{,}568x}$, $r = 0{,}9704$, $n = 7$)

5. Die Wandlungen des Areals alpin-praealpiner Spezies mit Temperaturänderungen.

Die ‚alpin-praealpine Pflanzengruppe' von Schwarzwald und Vogesen ist bei Temperaturänderungen gleichsam das Pendant zu der ‚submediterranen Flora'. Bei Temperaturerniedrigung dehnen die ‚alpin-praealpinen Spezies' ihre Areale nach unten aus, diejenigen der ‚submediterranen Arten' weichen nach unten zurück. Bei Temperaturerhöhungen ist es umgekehrt.

Die statistische Analyse der Beziehung zwischen dem ‚alpin-praealpinen Florenelement' und dem Klima beruht auf der gleichen Basis wie die vorhergehende Untersuchung der ‚submediterranen Arten'.

Im Schwarzwald und auch in den Vogesen drückt sich die Beziehung zwischen dem relativen Anteil der ‚alpin-praealpinen Arten' an den Arealtypenspektren und der mittleren Maximumtemperatur des Jahres am signifikantesten durch eine lineare Regression aus. Es folgt nach unten also stets eine gleichmäßige Abnahme der relativen Anteile dieser Artengruppe an den Arealtypenspektren, wohingegen nach oben jeweils eine exponentielle Reduktion der relativen Anteile der ‚submediterranen Arten' zu verzeichnen war. In beiden Gebirgen erreicht heute die Artengruppe der alpin-praealpinen Arten im Mittel ihre Untergrenze bei 250–350 m.

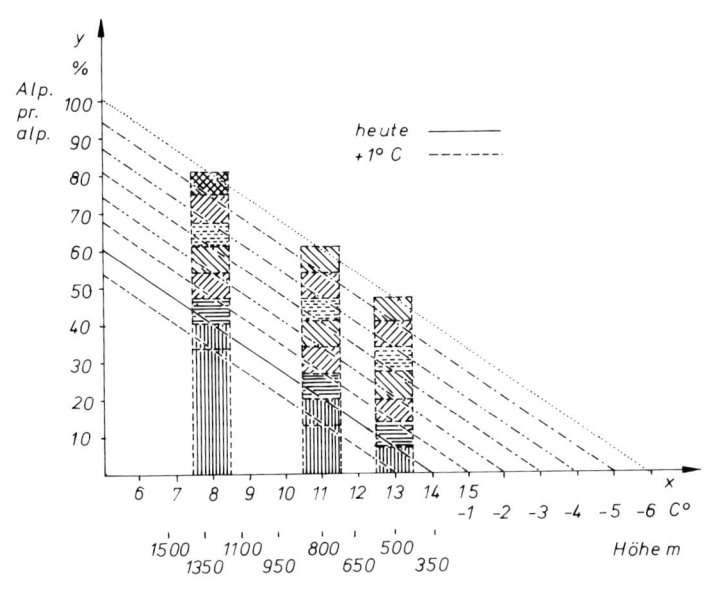

Abb. 7 Modell der Veränderungen der relativen Anteile des alpin-praealpinen Florenelementes in Relation zur Meereshöhe im Schwarzwald bei Temperaturänderungen (mittlere Maximumtemperatur des Jahres), basierend auf der Regression des relativen Anteils alpin-praealpiner Arten zur mittleren Maximumtemperatur des Jahres ($y = -6{,}856\,x + 95{,}35$, $r = 0{,}7$, $n = 13$)

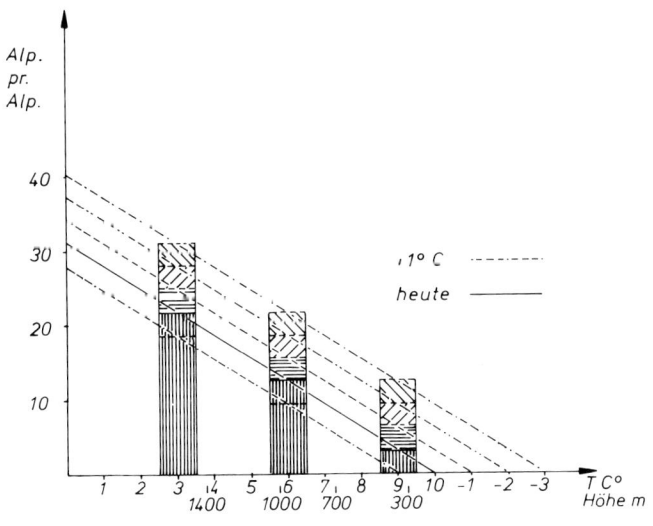

Abb. 8 Modell der Veränderungen der relativen Anteile des alpin-praealpinen Florenelementes in Relation zur Meereshöhe in den Vogesen bei Temperaturänderungen (Jahresmitteltemperatur), basierend auf der Regression des relativen Anteils alpin-praealpiner Arten zur mittleren Maximumtemperatur des Jahres ($y = -3{,}1722\,x + 31{,}2533$, $r = 0{,}9145$, $n = 7$)

Im Schwarzwald führt eine Erniedrigung der mittleren Maxima der Jahrestemperatur um 1 °C nach den heutigen Beziehungen zwischen Flora und Temperatur zu einer Steigerung des relativen Anteils der ‚alpin-praealpinen Spezies' an den Arealtypenspektren um 6,85 % und zwar durchgehend in allen Höhenstufen. Dies ist für verschiedene Temperaturänderungsbeträge in der Abb. 7 dokumentiert. Bei 1 °C Temperaturerhöhung, also etwa während des mittelalterlichen Klimaoptimums, läge die Untergrenze des Areals der alpin-praealpinen Arten im Schwarzwald bei ca. 500 m, in den Vogesen bei 400 m, gegenüber 250–350 m heute. In den Vogesen führt eine Verminderung der Jahresmitteltemperatur um 1 °C zu einer Steigerung des relativen Anteils der ‚alpin-praealpinen Arten' an den Arealtypenspektren um etwa 3,2 %. Die Untergrenze dieser Artengruppe würde dann auf das Niveau des Rheingrabens absinken. Die adaequaten Auswirkungen weiterer Temperaturveränderungen auf den relativen Anteil der ‚alpin-praealpinen Arten' an der jeweiligen Gesamtartenzahl der Standorte sind der Abb. 8 zu entnehmen.

6. Gleitende Arealtypenspektren verschiedener Klimazustandsphasen in Schwarzwald und Vogesen.

Die geringste direkte Abhängigkeit von Klimaparametern zeigt sowohl im Schwarzwald als auch in den Vogesen die ‚temperierte Flora'. Ihre relative Stellung an den Standorten scheint gleichsam von der ‚submediterranen' und der ‚alpin-praealpinen Flora' her geprägt. Das Hauptareal der ‚temperierten Flora' erstreckt sich im Schwarzwald und in den Vogesen auf die mittlere und eingeschränkt auch auf die obere Höhenstufe. Die Spezies dominieren in beiden Gebirgen ab etwa 550–600 m Meereshöhe.

Die Relationen aller drei floristischen Artengruppen sind in ihrem Höhenwandel integriert in der Abb. 9a bzw. 9b vorgestellt. Dazu treten entsprechende Modelle anderer Temperaturzustandsphasen. Die relativen Anteile der ‚alpin-praealpinen Spezies' sowie der ‚submediterranen Arten' sind modellhaft in Relation zur Temperatur und damit zur Höhe durch ihre Regressionsgeraden oder Kurven (Regression: Arealtypenspektrenanteil/Temperatur, vgl. Kap. 4 und 5) dargestellt. Die zwischen den beiden Regressionslinien in der jeweiligen Höhenstufe verbleibenden relativen Anteile werden von der ‚temperierten Flora' gestellt.

Für den Schwarzwald ist neben das heutige Bild ein gleitendes Arealtypenspektrum gestellt (Abb. 9a), das sich bei einer andauernden Erniedrigung der mittleren Maximumtemperatur des Jahres um 1,5 °C einstellen würde. So könnten die floristischen Verhältnisse im Schwarzwald während der ‚kleinen Eiszeit' ausgesehen haben (1430–1840). Ab etwa 1300 m würde dann die ‚alpin-praealpine Flora' in den Arealtypenspektren eindeutig dominieren, die heute erst in den unmittelbaren Gipfelbereichen des Schwarzwaldes knapp vorherrscht. Darunter nähme die ‚tempe-

Modellvorstellungen zu Arealveränderungen von Pflanzengruppen 105

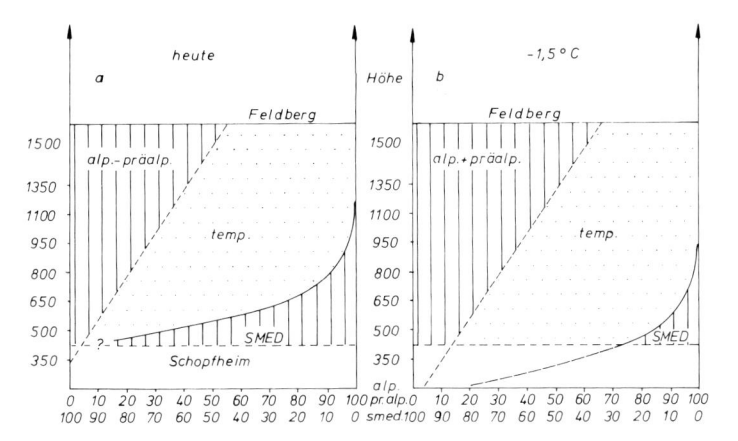

Abb. 9a Gleitendes Arealtypenspektrum für den Schwarzwald in Relation zur Höhe. Dargestellt sind integriert die jeweiligen Regressionslinien der submediterranen bzw. der alpin-praealpinen Flora zur Höhe (gerechnet über die Temperaturparameter), also die Prozentsätze, die diese Florenelemente in der jeweiligen Höhe idealiter erreichen sowie die aus der Differenz resultierenden Anteile der temperierten Flora (a); b zeigt die Situation bei T max = – 1,5 °C gegenüber heute

rierte Flora' den ersten Rang in den Arealtypenspektren ein und würde erst unterhalb von 350 m einer Dominanz ‚submediterraner Spezies' weichen. Diese Dominanzgrenze wäre gegenüber heute um 200 m nach unten verschoben. Selbst auf vielen Vorhügeln des Schwarzwaldes würde noch eine ‚temperierte Flora' vorherrschen.

Am Beispiel der Vogesen soll aufgezeigt sein, wie sich die Relationen der Artengruppen in den gleitenden Arealtypenspektren bei einer langfristigen Temperaturer-

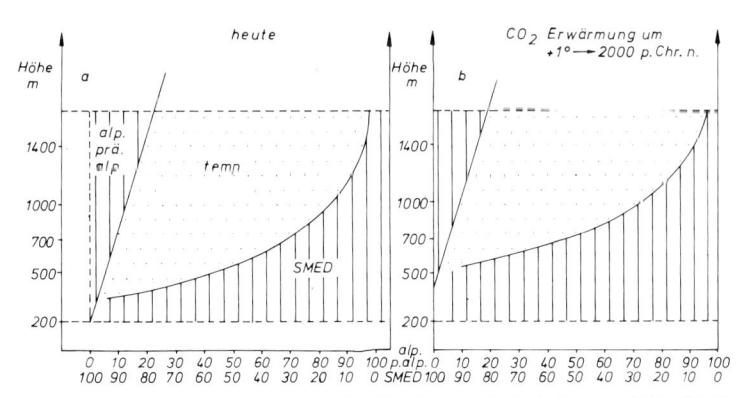

Abb. 9b Gleitendes Arealtypenspektrum für die Vogesen in Relation zur Höhe (Erläuterungen vgl. Abb. 9a)
a stellt die heutige Situation in den Vogesen dar; b die Situation bei einer um 1 °C erhöhten Jahresmitteltemperatur

höhung um 1 °C darstellen würden. Die ‚submediterrane Flora' könnte dann bis in etwa 750 m Meereshöhe in den Arealtypenspektren dominieren. Diese Obergrenze wäre um etwa 200 m gegenüber heute nach oben verschoben. In den Gipfelbereichen würde der mittlere relative Anteil der ‚alpin-praealpinen Spezies' von aktuell 23 % auf 18 % zurückgehen. Dort gewänne die ‚temperierte Flora' an Boden (vgl. dazu Abb. 9b).

An den integrierten Diagrammen der Abb. 9a und 9b wird sehr deutlich, wie in Schwarzwald und Vogesen die Relationen aller Artgruppen zueinander bei Temperaturänderungen variieren. Langfristige Temperaturveränderungen um 1–1,5 °C nach oben oder unten lassen die Dominanzgrenzen der Florengruppen in beiden Gebirgen um ± 200 m schwanken. Auch dabei ist mit einem ‚time-lag' der Floraänderung zur Klimaänderung zu rechnen, der einmal von der Lebensform abhängt (vgl. Kap. 2), zum anderen scheinen Florenelemente am Rande ihrer Verbreitung besonders empfindlich, wie die ‚submediterrane Flora'.

7. Versuch einer Verifizierung der Modellvorstellungen mit Hilfe palynologischer Ergebnisse

Die modellhaft angenommenen Schwankungen der Waldgrenze können anhand von Pollenanalysen für die jüngere Klimageschichte auf ihren Realitätsgehalt hin geprüft werden. Teunissen und Schoonen (1973) haben nach palynologischen Studien am Grand Etang bei Gérardmer den Verlauf der Waldgrenze in den Vogesen seit etwa 16 000 B.P. rekonstruiert (vgl. Abb. 10). Stellt man dazu den Bezug der für

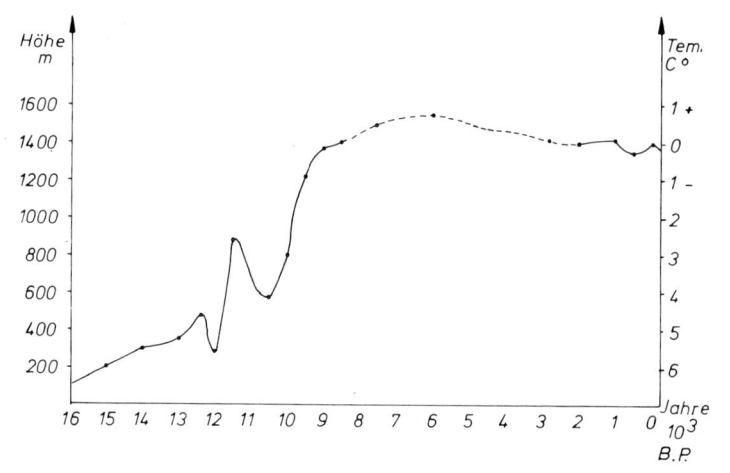

Abb. 10 Der Wandel der Höhenlage der Waldgrenze in den Vogesen während der jüngeren Klimageschichte, nach: Teunissen & Schoonen (1973). Die Temperaturangaben resultieren aus den dargelegten Modellstudien der Beziehungen zwischen der Höhenlage der Waldgrenze und der Jahresmitteltemperatur

diesen Zeitraum allgemein angenommenen Temperaturdifferenzen gegenüber heute her, so ergibt sich, daß das theoretische Modell der thermischen Waldgrenze einen hohen Realitätsgehalt zeitigt, denn die danach entsprechend den bekannten Temperaturänderungen gegenüber heute in der Regel für die letzten 16 000 Jahre anzunehmende ‚theoretische thermische Waldgrenze' stimmt gut mit der nach palynologischen Befunden rekonstruierten Waldgrenze überein (s. o.). Umgekehrt kann daher auch diese rekonstruierte Waldgrenze Informationen der Temperaturänderungen gegenüber heute bieten (vgl. Abb. 10).

Auffallend ist, daß sich die Waldgrenze innerhalb kurzer Zeit seit dem Ausklang des Würmglazials extrem verschoben hat, zwischen 10 000 B.P. und 9000 B.P. nahezu um 600 m, also um durchschnittlich jeweils 60 m in 100 Jahren. Entsprechend rapide muß die Erwärmung vonstatten gegangen sein. Man kann also bei Temperaturänderungen, die gleichgerichtet einige Jahrhunderte anhalten, mit bedeutenden Verlagerungen der Areale von Artengruppen rechnen. Da sich mit dem Bewuchs auch die Klimaverhältnisse ändern, vor allem über die Albedo, erscheint das Klima-Vegetationssystem insgesamt sehr labil, wobei sich offenbar längere Stabilitätsphasen und kurze extreme Schwankungen abwechseln.

Literatur

Frankenberg, P. (1978): Methodische Überlegungen zur floristischen Pflanzengeographie, Erdkunde, 32, S. 251–258.

Frankenberg, P. (1979): Schwarzwald und Vogesen, ein pflanzengeographisch-floristischer Vergleich, Arbeiten zur Rheinischen Landeskunde, 47, Bonn.

Gribbin, J. & Lamb, H. H. (1978): Climatic change in historical times, in: Climatic Change, Hrsg. J. Gribbin, London, New York, Melbourne, S. 68–82.

Lauer, W. & Frankenberg, P. (1979): Zur Klima- und Vegetationsgeschichte der westlichen Sahara, Akad. d. Wiss. und d. Literatur Mainz, Math. Naturw. Klasse, Nr. 1, Wiesbaden.

Teunissen, D. & Schoonen, J. M. C. P. (1973): Vegetations- und sedimentationsgeschichtliche Untersuchungen am Grand Etang bei Gérardmer (Vogesen), Eiszeitalter und Gegenwart, 22/24, S. 63–75.